21世纪高等学校计算机
基础实用规划教材

HTML5+CSS3+JavaScript
网页设计案例开发

◎ 吕云翔 欧阳植昊 徐硕 编著

清華大学出版社

北京

内 容 简 介

本书从 HTML、CSS、JavaScript 最基本的概念开始，由浅至深地介绍这三种语言在网页开发中的应用，并挑选了网页开发技术中最精髓的部分进行讲解，让读者能够更高效地掌握网页开发技术。

本书的第一部分从宏观上介绍 HTML、CSS、JavaScript 在 Web 开发中的应用；第二部分着重介绍 HTML 语言，分析其搭建网页框架上的特点；第三部分讲解 CSS 语言如何控制页面的样式和风格；第四部分分析 JavaScript 在实现网页动态逻辑方面的运用；第五部分通过综合样例说明 HTML、CSS、JavaScript 在实际开发中的各类运用场景。

本书既适合作为网页开发的入门教程和工具书，也适合非计算机专业的学生及广大计算机爱好者阅读。

图书在版编目（CIP）数据

HTML5+CSS3+JavaScript 网页设计案例开发/吕云翔，欧阳植昊，徐硕编著. —北京：清华大学出版社，2018（2020.1 重印）

（21 世纪高等学校计算机基础实用规划教材）

ISBN 978-7-302-51033-8

Ⅰ. ①H⋯ Ⅱ. ①吕⋯ ②欧⋯ ③徐⋯ Ⅲ. ①超文本标记语言－程序设计－高等学校－教材 ②网页制作工具－高等学校－教材 ③JAVA 语言－程序设计－高等学校－教材 Ⅳ. ①TP312.8 ②TP393.092

中国版本图书馆 CIP 数据核字（2018）第 191966 号

责任编辑：黄　芝
封面设计：刘　键
责任校对：李建庄
责任印制：杨　艳

出版发行：清华大学出版社
　　　　　网　　　址：http://www.tup.com.cn, http://www.wqbook.com
　　　　　地　　　址：北京清华大学学研大厦 A 座　　　邮　　编：100084
　　　　　社 总 机：010-62770175　　　　　邮　　购：010-62786544
　　　　　投稿与读者服务：010-62776969, c-service@tup.tsinghua.edu.cn
　　　　　质量反馈：010-62772015, zhiliang@tup.tsinghua.edu.cn
　　　　　课件下载：http://www.tup.com.cn, 010-83470236
印 装 者：三河市龙大印装有限公司
经　　销：全国新华书店
开　　本：185mm×260mm　　印　张：18.75　　字　数：455 千字
版　　次：2018 年 12 月第 1 版　　　　印　次：2020 年 1 月第 4 次印刷
印　　数：2001～2500
定　　价：49.90 元

产品编号：077042-01

出版说明

　　随着我国改革开放的进一步深化，高等教育也得到了快速发展，各地高校紧密结合地方经济建设发展需要，科学运用市场调节机制，加大了使用信息科学等现代科学技术提升、改造传统学科专业的投入力度，通过教育改革合理调整和配置了教育资源，优化了传统学科专业，积极为地方经济建设输送人才，为我国经济社会的快速、健康和可持续发展以及高等教育自身的改革发展做出了巨大贡献。但是，高等教育质量还需要进一步提高以适应经济社会发展的需要，不少高校的专业设置和结构不尽合理，教师队伍整体素质亟待提高，人才培养模式、教学内容和方法需要进一步转变，学生的实践能力和创新精神亟待加强。

　　教育部一直十分重视高等教育质量工作。2007 年 1 月，教育部下发了《关于实施高等学校本科教学质量与教学改革工程的意见》，计划实施"高等学校本科教学质量与教学改革工程（简称'质量工程'）"，通过专业结构调整、课程教材建设、实践教学改革、教学团队建设等多项内容，进一步深化高等学校教学改革，提高人才培养的能力和水平，更好地满足经济社会发展对高素质人才的需要。在贯彻和落实教育部"质量工程"的过程中，各地高校发挥师资力量强、办学经验丰富、教学资源充裕等优势，对其特色专业及特色课程（群）加以规划、整理和总结，更新教学内容、改革课程体系，建设了一大批内容新、体系新、方法新、手段新的特色课程。在此基础上，经教育部相关教学指导委员会专家的指导和建议，清华大学出版社在多个领域精选各高校的特色课程，分别规划出版系列教材，以配合"质量工程"的实施，满足各高校教学质量和教学改革的需要。

　　本系列教材立足于计算机公共课程领域，以公共基础课为主、专业基础课为辅，横向满足高校多层次教学的需要。在规划过程中体现了如下一些基本原则和特点。

　　（1）面向多层次、多学科专业，强调计算机在各专业中的应用。教材内容坚持基本理论适度，反映各层次对基本理论和原理的需求，同时加强实践和应用环节。

　　（2）反映教学需要，促进教学发展。教材要适应多样化的教学需要，正确把握教学内容和课程体系的改革方向，在选择教材内容和编写体系时注意体现素质教育、创新能力与实践能力的培养，为学生的知识、能力、素质协调发展创造条件。

　　（3）实施精品战略，突出重点，保证质量。规划教材把重点放在公共基础课和专业基础课的教材建设上；特别注意选择并安排一部分原来基础比较好的优秀教材或讲义修订再版，逐步形成精品教材；提倡并鼓励编写体现教学质量和教学改革成果的教材。

　　（4）主张一纲多本，合理配套。基础课和专业基础课教材配套，同一门课程可以有针对不同层次、面向不同专业的多本具有各自内容特点的教材。处理好教材统一性与多样化、基本教材与辅助教材、教学参考书，文字教材与软件教材的关系，实现教材系列资源配套。

　　（5）依靠专家，择优选用。在制定教材规划时依靠各课程专家在调查研究本课程教材建设现状的基础上提出规划选题。在落实主编人选时，要引入竞争机制，通过申报、评审确定主题。书稿完成后要认真实行审稿程序，确保出书质量。

　　繁荣教材出版事业，提高教材质量的关键是教师。建立一支高水平教材编写梯队才能保证教材的编写质量和建设力度，希望有志于教材建设的教师能够加入到我们的编写队伍中来。

21 世纪高等学校计算机基础实用规划教材

联系人：魏江江 weijj@tup.tsinghua.edu.cn

前　言

随着信息技术的发展，计算机科学逐步融入了人们的生活，人们已经习惯了通过各类电子设备，如手机电脑来获取需要的信息，而其中一个最重要的途径即是网页。HTML、CSS、JavaScript 作为编写网页的基本语言，提供了极强的兼容性和灵活性。这是当前跨平台信息传递最方便、最灵活的一项技术。这套技术也是网页技术的发展方向。在信息时代，HTML、CSS、JavaScript 从某种程度上决定了人们获取信息的方式，它是一种可以改变世界的技术。

当下无论是电脑还是移动端，都装有浏览器，这就意味着几乎所有的用户端口都能接入网页。现在，常见的社交网络、电商、实时通信技术等，都与网页技术息息相关，甚至现代编程语言的发展也深受 HTML、CSS、JavaScript 语言的影响。可以说，HTML、CSS、JavaScript 是当前用于展示信息、开发应用的最简单高效的一种技术，十分值得推广与学习。

我们阅读了市面上大量 HTML、CSS、JavaScript 的书籍，发现其中存在一些缺憾与不足。例如，使用规范过旧，逐渐被新 HTML5、CSS3 等标准淘汰；没有提供充足的样例，过多的概念讲解无法与实际结合；个别内容没有普遍性，不能较好地引导读者掌握学习 HTML、CSS、JavaScript 的本质，不能真正地教会读者自主解决问题的能力。

本书旨在让读者学会前端开发的通用法则，而不是仅仅学习一个前端开发工具或语言，因为技术的发展令任何技术都面临着淘汰的风险。本书希望读者不仅仅拘泥于技术细节的学习，更重要的是用心感受这种开发模式，感受工具特点，顺应语言的特质，令开发过程会更为轻松而高效。

本书基本分为五部分，第一部分讲解前端开发的一些基本背景，让读者快速了解 HTML、CSS、JavaScript 三种语言的特点，同时了解它们三者之间的合作关系。希望读者通过第一部分的阅读可以具有基本的前端开发能力，之后可以自行学习后面的章节或自行查阅资料学习。第二、三、四部分分别针对 HTML、CSS、JavaScript 展开介绍。笔者挑选了每种语言工具中最重要、最实用的部分进行讲解，通过使用模板、规范代码、讲解示例等形式，多方面展示这三种语言的特性及功能，并将其与实际应用联系，希望读者能够通过学习进一步深化对这几种语言的理解。

所有实例代码都可以从 https://pan.baidu.com/s/1geNZoeZ 进行下载。

本书的作者是吕云翔、欧阳植昊、徐硕，而曾洪立、吕彼佳、姜彦华对本书也进行了一些素材整理及配套资源制作等工作，在此对他们表示感谢。

由于我们的水平和能力有限，书中难免有疏漏之处。恳请各位同仁和广大读者给予批评指正，也希望各位能将实践过程中的经验和心得与我们交流（yunxianglu@hotmail.com）。

编　者

2018 年 10 月

目　录

第一部分　前端语言介绍

第三部分　CSS

IX

X

第 4 部分   JavaScript

第五部分　综 合 样 例

第一部分　前端语言介绍

第一部分挑选前段语言中 HTML、CSS、JavaScript 这三种语言最核心的一些知识进行讲解，并对三种语言入门知识进行罗列，让读者能够快速地上手前端开发。希望读者在完成这部分学习后，能够理解前端开发的基本要领，后期再根据自己的开发需求以及兴趣，阅读后面的章节。

第1章 HTML、CSS、JavaScript 的介绍

HTML、CSS、JavaScript 是 Web 开发中必将涉及的三种技术，它们是将网页按照网页内容、外观样式及动态效果彻底分离，从而大大地减少页面代码，能节省带宽、提升用户的浏览体验，更便于分工设计、代码重用，既易于维护，又能被移植到以后更新升级的 Web 程序中；同时按照 Web 标准能够轻松地制作出在各种移动设备终端中访问的页面。

1.1 准　备

学习 HTML、CSS、JavaScript 只需要一个浏览器和一个文本编辑器即可。例如 Chrome、IE、Edge、Safari 等主流浏览器和记事本、sublime、Dreamweaver 等用于撰写代码。本书使用 macOS 下的 Safari 浏览器和 Sublime 编辑器进行编辑。具体步骤如下所述。

- 打开文本编辑器，新建 HTML 文件，并输入相应代码如图 1-1 所示。

图 1-1　在文本编辑器中输入的相应代码

- 保存，保存步骤如图 1-2 所示。

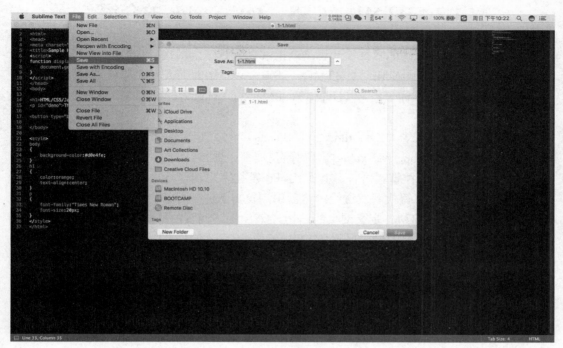

图 1-2　保存步骤

- 在浏览器中运行 HTML 文件，浏览器运行结果如图 1-3 所示。

图 1-3　浏览器运行结果

HTML、CSS、JavaScript 的介绍

4

1.2　HTML、CSS、JavaScript 的介绍

现代网页设计最准确的网页设计思路是把网页分成三个层次：结构层（HTML）、表示层（CSS）、行为层（JavaScript）。HTML、CSS、JavaScript 简介及简单分工如下所述。

- HTML 即超文本标记语言（Hyper Text Markup Language），HTML 是用来描述网页的一种语言。
- CSS 即层叠样式表（Cascading Style Sheets），样式定义如何显示 HTML 元素，语法为：selector {property：value}（选择符{属性：值}）。
- JavaScript 是一种脚本语言，其源代码在发往客户端运行之前不需经过编译，而是将文本格式的字符代码发送给浏览器由浏览器解释运行。

对于一个网页，HTML 定义网页的结构，CSS 描述网页的样式，JavaScript 设置逻辑和动态效果。一个很经典的例子是说 HTML 就像一个人的骨骼、器官，而 CSS 就是人的皮肤，有了这两样也就构成了一个人的肉体了，加上 JavaScript 以后这个植物人就可以对外界刺激做出反应，可以思考、运动、给自己整容化妆（改变 CSS），等等，成为一个活生生的人。如果说 HTML 是肉身、CSS 就是皮肤、JavaScript 就是灵魂。　如果说 HTML 是建筑师，CSS 就是干装修的，JavaScript 是魔术师。

1.3　HTML、CSS、JavaScript 之间的协作关系

1．HTML

HTML 是 Internet 上用于设计网页的基础语言。网页包括动画、多媒体、图形等各种复杂的元素，其基础架构都是 HTML。它是一种标记语言，只能建议浏览器以什么方式或结构显示网页内容，在这一点上这是不同于程序设计语言的。

2．CSS

HTML 可以标记页面文档中的段落、标题、表格、链接等格式。但随着网络的发展，用户需求的不断增加，只用 HTML 已经不能满足更多的文档样式需求。为了解决这一问题，CSS 应运而生。

CSS 又称层叠样式表，是一种制作网页的新技术。"层叠"是指当在 HTML 中引用了数个样式文件，并且样式发生冲突时，浏览器能依据层叠顺序处理。"样式"指网页中文字大小、颜色、图片位置等格式。

CSS 是目前唯一的网页页面排版样式标准。它能使任何浏览器都听从指令，知道该以何种布局、格式显示各种元素及其内容。

它弥补了 HTML 对网页格式化方面的不足，起到排版定位的作用。

3．JavaScript

HTML 与 CSS 配合使用，提供给用户的只是一种静态的信息，缺少交互性。用户已不满足于仅仅只是浏览单调化的信息，如果网页中有更多的交互性和动态效果，则会大大优化用户的感官视觉体验。

出于这样的一种需求，JavaScript 应运而生。JavaScript 是一种脚本语言，它的出现使得用户与信息之间不只是一种浏览与显示的关系，而是实现了一种实时、动态、交互的页面功能，比如下载时的进度条、提示框等。

JavaScript 用于开发 Internet 客户端的应用程序，可以结合 HTML、CSS，实现在一个 Web 页面中与 Web 客户交互的功能。

4. 总结

HTML 是网页的基础，CSS 是元素格式、页面布局的灵魂，而 JavaScript 是实现网页的动态性、交互性的点睛之笔。

1.4 HTML、CSS、JavaScript 的学习建议

推荐使用 http://www.w3school.com.cn 和 http://www.runoob.com 等在线网站，来学习基本的语法。许多 HTML、CSS、JavaScript 的代码是不需要重复编写的，可以通过多利用开源平台诸如 GitHub 的开源代码以及网上丰富的各类模板来加快开发进度。

1.5 HTML、CSS、JavaScript 样例

1.5.1 综合样例

为了大致地了解 HTML、CSS、JavaScript 这三种语言在前端开发中的角色，笔者直接展示一段使用了三种语言的代码作为示例，见代码 1-1。

代码 1-1

```
<!DOCTYPE html>
<html>

<head>
    <meta charset="utf-8">
    <title>Sample HTML/CSS/JavaScript</title>
    <script>
        function displayDate() {
            document.getElementById("demo").innerHTML = Date();
        }

    </script>
</head>

<body>

    <h1>HTML/CSS/JavaScript Sample</h1>
    <p id="demo">This paragraph will display the date</p>
```

```
        <button type="button" onclick="displayDate()">Display date</button>

    </body>

    <style>
        body {
            background-color: #d0e4fe;
        }

        h1 {
            color: orange;
            text-align: center;
        }

        p {
            font-family: "Times New Roman";
            font-size: 20px;
        }
    </style>

    </html>
```

代码中，<html>标签内包含了众多 HTML 元素，是网页的框架；<style>标签里则是CSS 代码，可控制着页面的元素属性；<script>标签中包含了 JavaScript 代码，实现了显示日期的功能逻辑，效果如图 1-4 和图 1-5 所示。

图 1-4   日期显示运行效果

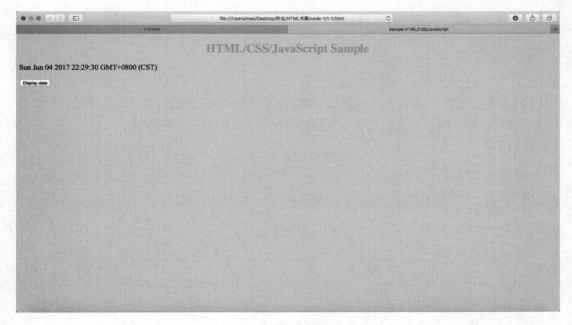

图 1-5　日期显示单击效果

　　HTML、CSS、JavaScript 这三种语言在前端开发中分别担任着三种特点分明的角色。HTML 是网页结构的骨架，具有网页元素的基本显示功能；CSS 则可以控制丰富的网页元素效果；JavaScript 控制网页的运算和逻辑。

1.5.2　HTML 样例

　　HTML 是由一个个诸如<>的标签构成的，<>和</>构成一个元素，例如代码 1-2 中各个元素的意义如下：

- <!DOCTYPE html>声明为 HTML5 文档；
- <html>元素是 HTML 页面的根元素；
- <head>元素包含了文档的元（meta）数据；
- <title>元素描述了文档的标题；
- <body>元素包含了可见的页面内容；
- <h1>元素定义一个大标题；
- <p>元素定义一个段落。

代码 1-2

```
<!DOCTYPE html>
<html>
<head>
    <meta charset="utf-8">
    <title>Title</title>
</head>
<body>
```

HTML、CSS、JavaScript 的介绍

```
    <h1>The first title</h1>
    <p>The first paragraph</p>
</body>
</html>
```

很多时候,我们并不需要关注诸如<!DOCTYPE html>这样的标签,因为浏览器会默认设置好这些参数,例如下面的代码 1-3 也会和代码 1-2 显示一样的内容。

代码 1-3

```
<head>
<title>Title</title>
</head>
<body>

<h1>The first title</h1>

<p>The first paragraph</p>
```

代码 1-2 和代码 1-3 的执行结果如图 1-6 所示。

The first title

The first paragraph

图 1-6　HTML 运行效果

1.5.3　CSS 样例

代码 1-4

```
<body style="background-color:yellow;">
<h2 style="background-color:red;">这是一个标题</h2>
<p style="background-color:green;">这是一个段落。</p>
</body>
```

可以发现,CSS 的定义在 style 字段中,可以设置相关元素的样式。在代码 1-4 中的 HTML 中我们使用了内联 CSS 样式来展示颜色背景效果,CSS 运行效果如图 1-7 所示。

这是一个最为简单的 CSS 例子,在后面的介绍中会逐步系统地介绍 CSS 的三种使用形式:内联样式、内部样式表和外部引用。

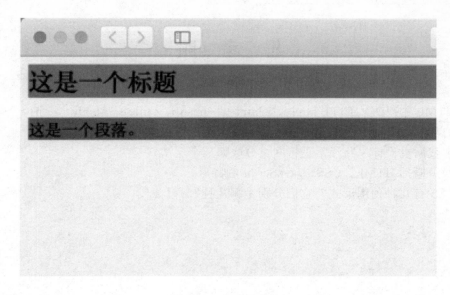

图 1-7　CSS 运行效果

1.5.4　JavaScript 样例

代码 1-5

```
<script>
alert('Hello JavaScript!');
</script>
```

代码 1-5 使用 JavaScript 提供的 alert 函数输出了一段'Hello JavaScript!'的弹窗，JavaScript 运行效果如图 1-8 所示。JavaScript 可以实现各种控制功能，JavaScript 可以像传统的编程语言一样，使用各类函数变量等功能，这些功能十分强大。

图 1-8　JavaScript 运行效果

HTML、CSS、JavaScript 的介绍

思 考 题

1. 学习 HTML、CSS、JavaScript 的使用，通常要准备哪些工具？
2. HTML 中<!DOCTYPE html>、<html>、<head>、<title>、<body>、<h1>、<p>标签的基本含义是什么？
3. 现代网页设计思路经常是将网页分成哪三个层次？
4. 简单概括 HTML、CSS、JavaScript 的特点。
5. CSS 有几种使用形式？它们分别是哪几种？

第 2 章 HTML 入门

2.1 HTML 背景及特点

首先，为了进一步地了解 HTML，我们带读者简单地看一下 HTML 的发展背景以及它的特点。HTML 的语法如图 2-1 所示。

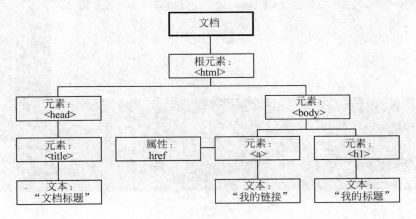

图 2-1　HTML 语法

2.1.1 HTML 背景

HTML 作为定义万维网的基本规则之一，最初由蒂姆·本尼斯李（Tim Berners-Lee）于 1989 年在 CERN（Conseil Europeen pour la Recherche Nucleaire）研制出来。独立于平台，即独立于计算机硬件和操作系统。这个特性对各种平台和设备以及推广 HTML 技术是至关重要的，因为在这个特性中，文档可以在具有不同性能（即字体、图形和颜色差异）的计算机上以相似的形式来显示文档内容。

2.1.2 HTML 特点

HTML 是一种用来描述网页的语言。
- HTML 指的是超文本标记语言（Hyper Text Markup Language）；
- HTML 不是一种编程语言，而是一种标记语言（markup language）；
- 标记语言是一套标记标签（markup tag）；
- HTML 使用标记标签来描述网页。

2.2　HTML 开发环境

　　HTML 的开发十分方便，只要任意一个主流的浏览器和一个文字编辑器即可。可以使用专业的 HTML 编辑器如 Dreamweaver，还有三款常用的编辑器如下所述。

- Notepad++：https://notepad-plus-plus.org/。
- Sublime Text：http://www.sublimetext.com/。
- HBuilder：http://www.dcloud.io/。

　　可以从以上软件的官网中下载对应的软件，按步骤安装即可，Dreamweaver 界面如图 2-2 所示。

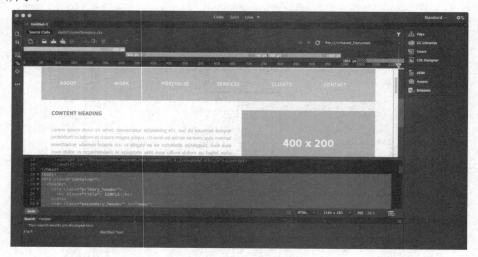

图 2-2　Dreamweaver 界面

Safari 浏览器和 Sublime 编辑器界面如图 2-3 所示。

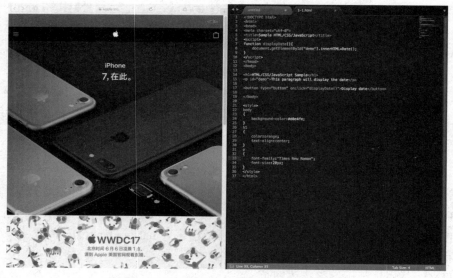

图 2-3　Safari 浏览器和 Sublime 编辑器界面

2.3　HTML 快速入门

HTML 最重要的两个要素是元素和属性。了解这两个概念后即可编写简单的 HTML 页面。

1．元素

了解 HTML 的第一步就是了解什么是 HTML 元素和属性。HTML 元素指的是从开始标签（start tag）到结束标签（end tag）的所有代码，如表 2-1 所示。

表 2-1　HTML 元素

开始标签	元素内容	结束标签
<head>	Title	</head>
<p>	This is a paragraph	</p>
<p1>	This another paragraph	</p1>

下面的代码包含了三个 HTML 元素，分别是<html>，<body>，<p>。例如<p> 元素定义了 HTML 文档中的一个段落。这个元素拥有一个开始标签<p>，以及一个结束标签</p>。元素内容是：This is my first paragraph。

```
<html>
<body>
<p>This is my first paragraph.</p>
</body>
</html>
```

可以根据需要查阅相关的 HTML 元素的使用方法，例如需要插入图片则加入<image>标签，需要插入视频则加入<video>标签，其他更多标签可以利用搜索引擎进行学习。

2．属性

HTML 标签可以拥有属性。属性提供了有关 HTML 元素的更多的信息。属性总是以名称/值对的形式出现，比如：name="value"。属性总是在 HTML 元素的开始标签中规定。

HTML 链接由 <a> 标签定义，链接的地址在 href 属性中指定。例如下面的代码会跳转到 http://www.baidu.com。

```
<a href="http://www.baidu.com">This is a link</a>
```

表 2-2 列出了适用于大多数 HTML 元素的属性。

表 2-2　HTML 元素的属性

属性	描述
class	为 HTML 元素定义一个或多个类名（classname）（类名从样式文件引入）
id	定义元素的唯一 id
style	规定元素的行内样式（inline style）
title	描述了元素的额外信息（作为工具条使用）

思 考 题

1. 学习 HTML、CSS、JavaScript 的使用通常要准备哪些工具？
2. 简单概括 HTML 的诞生背景及其特点。
3. HTML 最简单的开发环境是（　　）。
   A．Windows + IE 浏览器
   B．任何浏览器+文本编辑器
   C．手机+浏览器
   D．Dreamweaver + IE 浏览器
4. 什么是 HTML 元素？什么是元素的属性？

第 3 章 CSS 入门

3.1 CSS 背景及特点

CSS 指层叠样式表（Cascading Style Sheets），它是继 HTML 语言之后诞生的前端样式语言。起初，HTML 因为控制的样式字体等前端文字样式过于繁琐复杂，从而造成它的可维护性极低。为了解决这个问题，CSS 诞生了。

3.1.1 CSS 背景

HTML 标签原本是用于定义文档内容。起初，通过使用 `<h1>`、`<p>`、`<table>` 这样的标签，HTML 表达了"这是标题""这是段落""这是表格"之类的信息。同时文档布局是由浏览器来完成，而不使用任何的格式化标签。

由于两种主要的浏览器（Netscape 和 Internet Explorer）不断地将新的 HTML 标签和属性（比如字体标签和颜色属性）添加到 HTML 规范中，使得创建文档内容可以清晰地独立于文档表现层的站点变得越来越困难。

为了解决这个问题，万维网联盟（W3C），这个非营利的标准化联盟，肩负起了 HTML 标准化的使命，并在 HTML 4.0 之外创造出样式（style）。目前所有的主流浏览器均支持层叠样式表。

3.1.2 CSS 特点

CSS 是优化 HTML 显示，让文档内容清晰地独立于文档表现层的重要技术：
- CSS 定义如何显示 HTML 元素；
- CSS 通常存储在样式表中；
- 把 CSS 添加到 HTML 4.0 中，是为了解决内容与表现分离的问题；
- 外部 CSS 可以极大提高工作效率；
- 外部 CSS 通常存储在 CSS 文件中；
- 多个 CSS 定义可层叠为一层。

3.1.3 CSS 开发环境

CSS 可以和 HTML 使用完全一样的开发环境。

3.2　CSS 快速入门

3.2.1　CSS 基本语法

CSS 规则是由两个主要的部分构成：选择器，以及一条或多条声明。

```
selector {declaration1; declaration2; …; declarationN}
```

选择器通常是需要改变样式的 HTML 元素。每条声明由一个属性和一个值组成。属性（property）是希望设置的样式属性（style attribute）。每个属性有一个值。属性和值被冒号分开。

```
selector {property: value}
```

本书中像素以 px 表示。下面这行代码的作用是将 h1 元素内的文字颜色定义为红色，同时将字体大小设置为 14px。在这个例子中，h1 是选择器，color 和 font-size 是属性，red 和 14px 是值。

```
h1 {color:red; font-size:14px;}
```

上面这段 CSS 代码的结构如图 3-1 所示。

图 3-1　CSS 代码的结构

- **值的不同写法和单位**

除了英文单词 red，我们还可以使用十六进制的颜色值#ff0000：

```
p { color: #ff0000; }
```

为了节约字节，我们可以使用 CSS 的缩写形式：

```
p { color: #f00; }
```

我们还可以通过两种方法使用 RGB 值：

```
p { color: rgb(255,0,0); }
p { color: rgb(100%,0%,0%); }
```

请注意，当使用 RGB 百分比时，即使当值为 0 时也要写百分比符号，但是在其他的情况下就不需要这么做了。比如说，当尺寸为 0 像素时，0 之后不需要使用 px 单位，因为 0 就是 0，无论单位是什么。如果值为若干单词，则要给值加引号。

```
p {font-family: "sans serif";}
```

- **多重声明**

如果要定义不止一个声明，则需要用分号将每个声明分开。下面的例子展示了如何定义一个红色文字的居中段落。最后一条规则是不需要加分号的，因为分号在英语中是一个分隔符号，不是结束符号。然而，大多数有经验的设计师会在每条声明的末尾都加上分号。这么做的好处是，当从现有的规则中增减声明时，会尽可能地减少出错的可能性。就像这样：

```
p {text-align:center; color:red;}
```

你应该在每行只描述一个属性，这样可以增强样式定义的可读性，就像这样：

```
p {
  text-align: center;
  color: black;
  font-family: arial;
}
```

- **空格和大小写**

大多数样式表包含不止一条规则，而大多数规则包含不止一个声明。多重声明和空格的使用使得样式表更容易被编辑。

```
body {
  color: #000;
  background: #fff;
  margin: 0;
  padding: 0;
  font-family: Georgia, Palatino, serif;
}
```

是否包含空格不会影响 CSS 在浏览器的工作效果，同样，与 XHTML 不同，CSS 对大小写不敏感。不过存在一个例外：如果涉及与 HTML 文档一起工作的话，class 和 id 名称对大小写是敏感的。

3.2.2 如何插入样式表

当读到一个样式表时，浏览器会根据它来格式化 HTML 文档。插入样式表的方法有三种，最后会说明三种 CSS 的优先级关系。

1．外部样式表

当样式需要应用于很多页面时，外部样式表将是理想的选择。在使用外部样式表的情况下，你可以通过改变一个文件来改变整个站点的外观。每个页面使用 <link> 标签链接到样式表。<link> 标签在（文档的）头部，如代码 3-1 所示。

代码 3-1

```
<head>
<link rel="stylesheet" type="text/css" href="mystyle.css" />
</head>
```

浏览器会从文件 mystyle.css 中读到样式声明，并根据它来格式文档。外部样式表可以在任何文本编辑器中进行编辑。文件不能包含任何的 HTML 标签。样式表应该以 .css 扩展名进行保存。下面是一个样式表文件的例子。

```
hr {color: sienna;}
p {margin-left: 20px;}
body {background-image: url("images/back40.gif");}
```

不要在属性值与单位之间留有空格。否则，如果你使用 "margin-left: 20 px" 而不是 "margin-left: 20px"，则可能会无法正常显示。

2．内部样式表

当单个文档需要特殊的样式时，就应该使用内部样式表。你可以使用 <style> 标签在文档头部定义内部样式表，就像如下代码这样：

```
<head>
<style type="text/css">
  hr {color: sienna;}
  p {margin-left: 20px;}
  body {background-image: url("images/back40.gif");}
</style>
</head>
```

3．内联样式

如果要将表现和内容混杂在一起，则内联样式会损失掉样式表的许多优势。请慎用这种方法，例如当样式仅需要在一个元素上应用一次时。

要使用内联样式，你需要在相关的标签内使用样式（style）属性。style 属性可以包含任何 CSS 属性。本例展示的是如何改变段落的颜色和左外边距。

```
<p style="color: sienna; margin-left: 20px">
This is a paragraph
</p>
```

4．多重样式

如果某些属性在不同的样式表中被同样的选择器定义，那么属性值将从更具体的样式表中被继承过来。

例如，外部样式表拥有针对 h3 选择器的三个属性。

```
h3 {
  color: red;
```

```
    text-align: left;
    font-size: 8pt;
}
```

而内部样式表拥有针对 h3 选择器的两个属性。

```
h3 {
    text-align: right;
    font-size: 20pt;
}
```

假如拥有内部样式表的这个页面同时又与外部样式表链接，那么 h3 得到的样式是：

```
color: red;
text-align: right;
font-size: 20pt;
```

即颜色属性将被继承于外部样式表,而文字排列（text-alignment）和字体尺寸（font-size）会被内部样式表中的规则取代。

思 考 题

1. 请简述 CSS 规则主要是由哪两个部分构成的。
2. 简要说明 CSS 的三种样式的特点及其使用方式。

第 4 章 | JavaScript 入门

4.1 JavaScript 的背景及特点

4.1.1 JavaScript 的背景

Java 最初是由 Netscape 的 Brendan Eich 设计。JavaScript 是甲骨文公司的注册商标。Ecma 国际以 JavaScript 为基础制定了 ECMAScript 标准。JavaScript 也可以用于其他场合,如服务器端编程。完整的 JavaScript 实现包含三个部分:ECMAScript,文档对象模型,浏览器对象模型。

4.1.2 JavaScript 的特点

1. 一种解释性执行的脚本语言

同其他脚本语言一样,JavaScript 也是一种解释性语言,它提供了一个非常方便的开发过程。JavaScript 的语法基本结构形式与 C、C++、Java 十分类似。但在使用前,不像这些语言需要先编译,而是在程序运行过程中被逐行地解释。JavaScript 与 HTML 标识结合在一起,从而方便用户的使用操作。

2. 一种基于对象的脚本语言

它也可以被看作是一种面向对象的语言,这意味着 JavaScript 可以运用其已经创建的对象。因此,许多功能可以来自于脚本环境中对象的方法与脚本的相互作用。

3. 一种简单弱类型脚本语言

其简单性主要体现在:首先,JavaScript 是一种基于 Java 基本语句和控制流之上的简单而紧凑的设计,从而对于使用者学习 Java 或其他 C 语系的编程语言是一种非常好的过渡,而对于具有 C 语系编程功底的程序员来说,JavaScript 上手也非常容易;其次,其变量类型是采用弱类型,而并未使用严格的数据类型。

4. 一种相对安全脚本语言

JavaScript 作为一种安全性语言,是不被允许访问本地的硬盘,且不能将数据存入服务器,不允许对网络文档进行修改和删除,只能通过浏览器实现信息浏览或动态交互,从而有效地防止数据的丢失或对系统的非法访问。

5. 一种事件驱动脚本语言

JavaScript 对用户的响应,是以事件驱动的方式进行的。在网页(Web Page)中执行了某种操作所产生的动作,被称为"事件"(Event)。例如按下鼠标、移动窗口、选择菜单等都可以被视为事件。当事件发生后，可能会引起相应的事件响应，执行某些对应的脚本，这种机制被称为"事件驱动"。

6．一种跨平台性脚本语言

JavaScript 依赖于浏览器本身，与操作环境无关，只要计算机能运行浏览器，并支持 JavaScript 的浏览器，就可正确地执行，从而实现了"编写一次，走遍天下"的梦想。

4.2　JavaScript 开发环境

JavaScript 可以使用浏览器和一个文本编辑器进行开发，推荐使用带有调试功能的浏览器如 Chrome 和 Safari 等，包含调试功能的浏览器（Safari）如图 4-1 所示。

图 4-1　包含调试功能的浏览器（Safari）

4.3　JavaScript 快速入门

4.3.1　JavaScript 基本语法

JavaScript 的语法借鉴了常见的 Java、C 和 Perl 这些语言的规则。

1．区分大小写

与 Java 一样，变量、函数名、运算符以及其他一切东西都是区分大小写的。比如：变量 test 与变量 TEST 是不同的。

2．变量是弱类型的

与 Java 和 C 不同，ECMAScript 中的变量无特定的类型，定义变量时只用 var 运算符，可以将它初始化为任意值。因此，可以随时改变变量所存数据的类型（尽量避免这样做）。

```
var color = "red";
var num = 25;
var visible = true;
```

3．每行结尾的分号可有可无

Java、C 和 Perl 都要求每行代码以分号（;）结束才符合语法。

JavaScript 则允许开发者自行决定是否以分号结束一行代码。如果没有分号，JavaScript 就把折行代码的结尾看作该语句的结尾，但前提是这样没有破坏代码的语义。

最好的代码编写习惯是总加入分号，因为如果没有分号，有些浏览器就不能正确运行，不过根据 JavaScript 标准，下面两行代码都是正确的。

```
var test1 = "red";
var test2 = "blue";
```

4．注释与 Java、C 和 PHP 语言的注释相同

JavaScript 借用了这些语言的注释语法。有两种类型的注释：

- 单行注释以双斜杠开头（//）；
- 多行注释以单斜杠和星号开头（/*），以星号和单斜杠结尾（*/）。

```
//this is a single-line comment

/*this is a multi-
line comment*/
```

5．括号表示代码块

从 Java 中借鉴的另一个概念是代码块。代码块表示一系列应该按顺序执行的语句，这些语句被封装在左括号"{"和右括号"}"之间。

```
if (test1 == "red") {
    test1 = "blue";
    alert(test1);
}
```

4.3.2   JavaScript 函数

1．JavaScript 函数语法

函数就是包裹在花括号中的代码块，并在前面使用了关键词 function。

```
function functionName()
{
//Code
}
```

当调用该函数时，会执行函数内的代码。可以在某事件发生时直接调用函数（比如当用户单击按钮时），并且可由 JavaScript 在任何位置进行调用。

2．调用带参数的函数

在调用函数时，我们可以向其传递值，这些值被称为参数。这些参数可以在函数中使用。同时向函数可以发送任意多的参数，由逗号 "，" 分隔。

```
myFunction(argument1,argument2)
```
当您声明函数时，请把参数作为变量来声明：
```
function myFunction(var1,var2)
{
这里是要执行的代码
}
```

变量和参数必须以一致的顺序出现。第一个变量就是第一个被传递的参数的给定的值，以此类推。

3．带有返回值的函数

有时，我们会希望函数将值返回调用它的地方。通过使用 return 语句就可以实现。在使用 return 语句时，函数会停止执行，并返回指定的值。下面的函数会返回值 5。

```
function myFunction()
{
    var x=5;
    return x;
}
```

4．函数使用

代码 4-1 展示了 JavaScript 函数的使用以及一些基本的 JavaScript 变量的使用。

代码 4-1

```
<!DOCTYPE html>
<html>
<body>

<h1>Head1</h1>

<p>The first paragraph.</p>

<button onclick="myFunction()">Click Function</button>

<script>
var x = 1;
var str = "stringInfo";
var arr = ['c','b','a'];

function myFunction()
{
    str += x;
```

```
        for (var i = arr.length - 1; i >= 0; i--) {
            str += arr[i];
        }
        document.write(str);
        console.log("Console:"+ str);
    }
</script>


</body>
</html>
```

代码 4-1 中，JavaScript 代码在<script>标签内。首先声明了三个变量。x，str，arr 三个变量会被 JavaScript 自动地识别为整数类型，字符串类型和字符数组类型。

```
var x = 1;
var str = "stringInfo";
var arr = ['c','b','a'];
```

JavaScript 函数需要加入 function 关键字。

function myFunction()

document 是一个全局函数，调用其 write 方法可以输出内容到 HTML 页面上。

```
document.write(str);
```

最后执行了 Console.log 函数，将结果输出到控制台上，这是调试中常用的技巧，如同 C 语言中的 printf 函数。控制台和页面执行结果如图 4-2 所示。

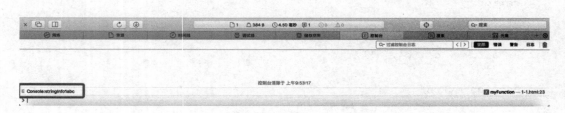

图 4-2 控制台和页面执行结果

4.3.3　JavaScript 对象

JavaScript 对象是拥有属性和方法的数据。例如真实生活中，一辆汽车是一个对象。对象有它的属性，如重量和颜色等，方法有启动停止等，如表 4-1 所示。

表 4-1　JavaScript 对象

对象	属性	方法
	car.name = Fiat	car.start()
	car.model = 500	car.drive()
	car.weight = 850kg	car.brake()
	car.color = white	car.stop()

所有汽车都有这些属性，但是每款车的属性都不尽相同。所有汽车都拥有这些方法，但是它们被执行的时间都不尽相同。

在 JavaScript 中，几乎所有的事物都是对象。你已经学习了 JavaScript 变量的赋值。以下代码为变量 **car** 设置值为 "Fiat"。

```
var car = "Fiat";
```

对象也是一个变量，但对象可以包含多个值（多个变量）。

```
var car = {type:"Fiat", model:500, color:"white"};
```

在以上实例中，三个值("Fiat", 500, "white")赋予变量 car。在以上实例中，三个变量 (type, model, color) 赋予变量 car。

1．对象定义

你可以使用字符来定义和创建 JavaScript 对象。

```
var person = {firstName:"John", lastName:"Doe", age:50, eyeColor:"blue"};
```

定义 JavaScript 对象可以跨越多行，空格跟换行不是必需的。

```
var person = {
    firstName:"John",
    lastName:"Doe",
    age:50,
    eyeColor:"blue"
};
```

2．对象属性

可以说"JavaScript 对象是变量的容器"。但是，我们通常认为"JavaScript 对象是键值对的容器"。

键值对通常写法为 **name:value**（键与值以冒号分割）。键值对在 JavaScript 对象通常称为**对象属性**。对象键值对的写法类似于：PHP 中的关联数组，Python 中的字典，C 语言中的哈希表等。

3．访问对象属性

我们可以通过两种方式访问对象属性。

```
person.lastName;
```

或者

```
person["lastName"];
```

4．对象方法

对象的方法定义了一个函数，并作为对象的属性存储。对象方法通过添加()调用（作为一个函数）。

该实例访问了 person 对象的 fullName()方法。

```
name = person.fullName();
```

如果你要访问 person 对象的 fullName 属性，它将作为一个定义函数的字符串返回。

```
name = person.fullName;
```

在随后的 JavaScript 章节中你将学习到更多关于函数，属性和方法的知识。

5．访问对象方法

可以使用以下语法创建对象方法：

```
methodName : function() { code lines }
```

你可以使用以下语法访问对象方法：

```
objectName.methodName()
```

通常 fullName()是作为 person 对象的一个方法，fullName 是作为一个属性。有多种方式可以创建，使用和修改 JavaScript 对象。同样也有多种方式可以用来创建，使用和修改属性和方法。

6．对象创建样例

代码 4-2 提供一个 JavaScript 的对象创建样例，为了像传统的 C 系列语言一样，也为了更为灵活地创建对象，推荐使用方法 2 创建对象。

代码 4-2

```html
<!DOCTYPE html>
<html>
<script>
    //Method 1 to create object
    var obj1 = {name:"name1", age:20, talence:"clever"};
    obj2 = obj1;
```

```
obj2.name = "name2";
document.write(obj2.name)

//Method 2 to create object(Recommended)
function Person(name,age){
    this.name = name;
    this.age = age;
    this.friends = ["Jams","Martin"];

    this.sayFriends = function() {
        document.write(this.friends);
    }
}

person1 = new Person("Kevin", 20);
person2 = new Person("OldKevin",200);
person1.friends.push("Joe");
person1.sayFriends;

document.write("<br>");
person2.sayFriends();

</script>
</html>
```

思　考　题

1. 学习 HTML、CSS、JavaScript 的使用通常要准备哪些工具？
2. 简单说明 JavaScript 的特点。
3. JavaScript 的每行代码应当以（　　）结尾。
    A. 逗号
    B. 分号
    C. 换行
    D. 分号或换行
4. 什么是 JavaScript 对象？

第 5 章 HTML、CSS、JavaScript 样例

如果需要使用 HTML 的 localStorage 技术，那么我们使用 http://www.w3school. com.cn 来学习如何使用。

- **步骤 1**

使用搜索引擎搜索相关的问题，搜索结果如图 5-1 所示。

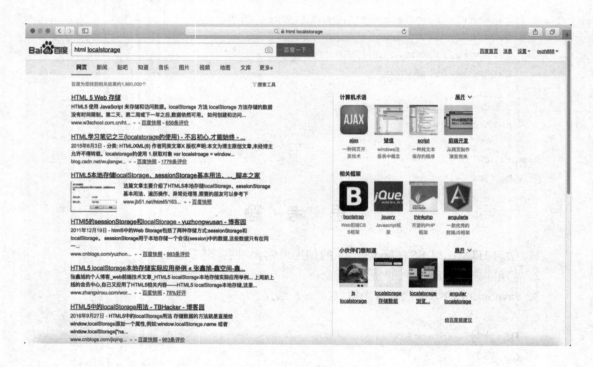

图 5-1 搜索结果

- **步骤 2**

选择相关的页面，例如 www.w3school.com.cn 中的 HTML5 Web 存储教程，w3school 搜索结果如图 5-2 所示。

- **步骤 3**

之后可以进入示例代码页面直接调试学习，在线调试界面如图 5-3 所示。

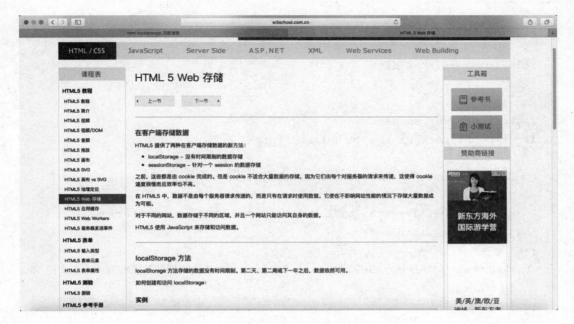

图 5-2　w3school 搜索结果

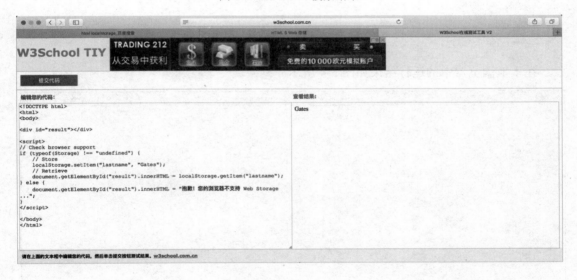

图 5-3　在线调试界面

- **步骤 4**

将相关代码（代码5-1）移植到本地，会得到同样的结果。

代码 5-1

```
<!DOCTYPE html>
<html>
```

HTML、CSS、JavaScript 样例

```
<body>

<div id="result"></div>

<script>
//Check browser support
if (typeof(Storage) !== "undefined") {
    //Store
    localStorage.setItem("lastname", "Gates");
    //Retrieve
    document.getElementById("result").innerHTML = localStorage
    .getItem ("lastname");
} else {
    document.getElementById("result").innerHTML = "抱歉！您的浏览器不支持 Web
    Storage ...";
}
</script>

</body>
</html>
```

在本地浏览器中的运行结果如图 5-4 所示。

图 5-4 本地调试结果

localStorage 的代码编辑界面和最终浏览器渲染结果如图 5-5 和图 5-6 所示。

```
1   <!DOCTYPE html>
2   <html>
3   <script >
4       //Method 1 to create object
5       var obj1 = {name:"name1", age:20, talence:"clever"};
6       obj2 = obj1;
7       obj2.name = "name2";
8       document.write(obj2.name)
9
10      //Method 2 to create object(Recommended)
11      function Person(name,age){
12          this.name = name;
13          this.age = age;
14          this.friends = ["Jams","Martin"];
15
16          this.sayFriends = function() {
17              document.write(this.friends);
18          }
19      }
20
21      person1 = new Person("Kevin", 20);
22      person2 = new Person("OldKevin",200);
23      person1.friends.push("Joe");
24      person1.sayFriends;
25
26      document.write("<br>");
27      person2.sayFriends();
28
29  </script>
30  </html>
```

图 5-5　localStorage 代码编辑界面

Gates

图 5-6　localStorage 执行结果

第 5 章

HTML、CSS、JavaScript 样例

思 考 题

1. 尝试使用 HTML、CSS、JavaScript 实现一个简单的时钟功能（<time>标签）。
2. 尝试使用 HTML、CSS、JavaScript 实现一个带有界面的时钟功能。

本部分小结

通过第一部分的学习，用户对于 HTML、CSS、JavaScript 的基本知识有了初步的认识。通过介绍相关的开发环境和学习方法，用户可以自行学习 HTML、CSS、JavaScript 的相关知识，甚至脱离这本书，使用搜索引擎进行自主学习。不过在后面的章节笔者将按照 HTML、CSS、JavaScript 这三个技术分别进行了更为详细的讲解。笔者将选择三种技术中最重要、最核心的部分进行讲解，让读者能够更高效、更深刻地了解 HTML、CSS、JavaScript 的特点和应用。

第二部分　HTML

　　前面对 HTML、CSS、JavaScript 的快速入门进行了讲解，相信读者对于 HTML、CSS、JavaScript 有了基本的了解，拥有了前端开发这方面一定的自学能力。接下来的第二篇将会单独从 HTML 的角度，选择一些重点的知识进行进一步的深入讨论。

HTML 介绍

6.1　标　记　语　言

标记语言（也称置标语言、标记语言、标志语言、标识语言）是一种将文本（text）以及文本相关的其他信息结合起来，从而展现出关于文档结构和数据处理细节的计算机文字编码。与文本相关的其他信息（包括例如文本的结构和表示信息等）与原来的文本结合在一起，但是使用标记（markup）进行标识。

标记语言的应用十分广泛，它提供了一种能够让人类将自己想法利用计算机表现出来的方法。这种方式精准而且高效，通常用在网页设计，众多应用开发中，还可用在其他开发中，诸如 Android 和 Windows 开发都会利用到 XML 文件中的标记语言控制显示界面。甚至标记语言还可以被应用到现代音乐曲谱当中，通过 MusicXML 文件精准高效地显示曲谱。

在使用标记语言时，不能把它机械地看成一种编程语言，而应将其看成一种使用计算机创作的工具。标记语言给人类提供了一种可以与计算机打交道的绝佳手段，通过简单的标签控制就能够实现精准高效的显示效果。标记语言在控制显示和设计方面有着极为明显的优势。

更通俗地说，标记语言其实就是一段文本内，不仅有该文本真正需要传递给读者的有用信息，更有描述该段文本中各部分文字的情况的信息。

举个例子：

```
<问题>
    <问题标题>如何用通俗的语言解释什么是 HTML 和标记语言？
    <问题描述>不要百度

<回答>
    <回答者>Teacher
    <回答者简介>Software Engineer
    <回答内容>HTML 是……具体可以查看维基百科的介绍,地址是<引用网址>www.wiki.com
<回答>
    <回答者>小明
    <回答者简介>zhihuer2
    <回答内容>实名反对 LS,我来说明下 blablabla
```

就像这样，标记语言描述了这个问题以及问题下的回答。这段标记语言既描述了文档本身的信息（问题内容和回答的情况），也描述了文档的结构和各部分的作用。

6.2　HTML

　　HTML 是世界通用的、用于描述一个**网页**的信息的标记语言，我们使用的浏览器具有可以将 HTML 文档渲染并展示给用户的功能（当你访问知乎网站的时候，实际上你获得了一份由知乎提供给你的 HTML 文档。浏览器将根据 HTML 文档渲染出你看到的网页）。将上面那段我刚发明的标记语言"翻译"成 HTML，大概就是这样：

```
<header>
    <h1>如何用通俗的语言解释什么是 HTML 和标记语言？</h1>
    <p>不要百度。</p>
</header>
<section>
    <article>
      <div>
        <span>Test Paragraph</span>
      </div>
      <p>
          HTML 是 blablabla,具体可以查看维基百科的介绍,地址是<a>www.wiki.com</a>
      </p>
    </article>
    <article>
      <div>
          小明,<span>zhihuer2</span>
      </div>
      <p>
          实名反对 LS,我来说明下 blablabla
      </p>
    </article>
</section>
```

　　上一段 HTML 文本中，<header><article>这类的带尖括号的标记叫标签，标签描述了文本的作用，比如<p>标签表示其内部的文本是一个段落，<a>标签标识内部的文本是超链接；与此同时，通过标签的互相嵌套，表示了这个文档的结构。至于哪个标签表示什么意思、总共有多少个种类的标签这类的问题，由万维网联盟这一组织规定。

思　考　题

1. 什么是标记语言？
2. HTML 与标记语言之间有什么关系？

第 7 章 　基 本 概 念

为了深入地了解 HTML，要对 HTML 的基本概念进行进一步探究。

7.1 元 　素

7.1.1 HTML 元素语法

- HTML 元素以开始标签起始。
- HTML 元素以结束标签终止。
- 元素的内容是开始标签与结束标签之间的内容。
- 某些 HTML 元素具有空内容（empty content）。
- 空元素在开始标签中进行关闭（以开始标签的结束而结束）。
- 大多数 HTML 元素可拥有属性。

HTML 文档由嵌套的 HTML 元素构成。

```
<!DOCTYPE html>
<html>

<body>
<p>这是第一个段落。</p>
</body>

</html>
```

以上实例包含了三个 HTML 元素，<html><body>和<p>。

7.1.2 常见元素

HTML 元素的分类有块级元素和行内元素。

1. 块级元素（block）的特点

- 总是在新行上开始；
- 高度、行高以及外边距和内边距都可控制；
- 宽度默认是它的容器的 100%，除非设定一个宽度；
- 它可以容纳内联元素和其他块元素。

2．内联元素（**inline**）的特点

- 和其他元素都在一行上；
- 高和外边距不可改变；
- 宽度就是它的文字或图片的宽度，不可改变；
- 设置宽度 width 无效；
- 设置高度 height 无效，可以通过 line-height 来设置；
- 设置 margin 只有左右 margin 有效，上下无效；
- 设置 padding 只有左右 padding 有效，上下则无效。注意元素范围是增大了，但是对元素周围的内容是没影响的；
- 内联元素只能容纳文本或者其他内联元素。

3．常见块级元素

常见块级元素如表 7-1 所示。

表 7-1 常见块级元素

标签	意义
address	地址
blockquote	块引用
center	举中对齐块 （HTML5 取消了该标签）
div	常用块级容易，也是 CSS layout 的主要标签
dl	定义列表
fieldset	form 控制组
form	交互表单
h1	大标题
h2	副标题
h3	3 级标题
h4	4 级标题
h5	5 级标题
h6	6 级标题
hr	水平分隔线
isindex	input prompt
menu	菜单列表
noframes	frames 可选内容，（对于不支持 frame 的浏览器显示此区块内容）
noscript	可选脚本内容（对于不支持 script 的浏览器显示此内容）
ol	排序表单
p	段落
pre	格式化文本
table	表格
ul	非排序列表（无序列表）
address	地址

4．常见的内联元素

常见内联元素如表 7-2 所示。

基本概念

表 7-2　常见内联元素

标签	意义
a	锚点
abbr	缩写
acronym	首字
b	粗体（不推荐）
bdo	bidi
big	大字体
br	换行
cite	引用
code	计算机代码（在引用源码的时候需要）
dfn	定义字段
em	强调
font	字体设定（不推荐）
i	斜体
img	图片
input	输入框
kbd	定义键盘文本
label	表格标签
q	短引用
s	中画线（不推荐）
samp	定义范例计算机代码
select	项目选择
small	小字体文本
span	常用内联容器，定义文本内区块
strike	中画线
strong	粗体强调
sub	下标
sup	上标
textarea	多行文本输入框
tt	电传文本
u	下画线
var	定义变量

7.1.3　HTML 实例解析

1．<p>元素

```
<p>这是第一个段落。</p>
```

这个<p>元素定义了 HTML 文档中的一个段落。这个元素拥有一个开始标签<p>以及一个结束标签</p>。元素内容是：这是第一个段落。

2．<body>元素

```
<body>
```

```
<p>这是第一个段落。</p>
</body>
```

<body>元素定义了 HTML 文档的主体。

这个元素拥有一个开始标签<body>以及一个结束标签</body>。元素内容是另一个 HTML 元素（p 元素）。

3．<html>元素

```
<html>

<body>
<p>这是第一个段落。</p>
</body>

</html>
```

<html> 元素定义了整个 HTML 文档。

这个元素拥有一个开始标签<html>和一个结束标签</html>。元素内容是另一个 HTML 元素（body 元素）。

7.1.4 小知识

1．结束标签

即使忘记了使用结束标签，大多数浏览器也会正确地显示 HTML。

```
<p>这是一个段落
<p>这是一个段落
```

以上实例在浏览器中也能正常显示，因为关闭标签是可选的。但不要依赖这种做法。忘记使用结束标签会产生不可预料的结果或错误。

2．HTML 空元素

没有内容的 HTML 元素被称为空元素。空元素是在开始标签中关闭的。
 就是没有关闭标签的空元素（
 标签定义换行）。

在 XHTML、XML 以及未来版本的 HTML 中，所有元素都必须被关闭。在开始标签中添加斜杠，比如
，是关闭空元素的正确方法，HTML、XHTML 和 XML 都接受这种方式。即使
在所有浏览器中都是有效的，但使用
其实是更长远的保障。

3．大小写标签

HTML 标签对大小写不敏感：<P> 等同于 <p>。许多网站都使用大写的 HTML 标签。本书中使用的是小写标签，因为万维网联盟（W3C）在 HTML 4 中推荐使用小写，而在未来（X）HTML 版本中强制使用小写。

7.2 属 性

HTML 标签可以拥有属性。属性提供了有关 HTML 元素的更多的信息。属性总是以

基本概念

名称/值对的形式出现，比如：name="value"。属性总是在 HTML 元素的开始标签中规定。

7.2.1 属性语法

- HTML 元素可以设置属性。
- 属性可以在元素中添加附加信息。
- 属性一般描述于开始标签。
- 属性总是以名称/值对的形式出现，比如：name="value"。

1．HTML 属性常用引用属性值

属性值应该始终被包括在引号内。双引号是最常用的，不过使用单引号也没有问题。在某些个别的情况下，比如属性值本身就含有双引号，那么您必须使用单引号，例如：

```
name='John "ShotGun" Nelson'
```

2．HTML 提示：使用小写属性

属性和属性值对大小写不敏感。不过，万维网联盟在其 HTML 4 推荐标准中推荐小写的属性/属性值。而新版本的 (X)HTML 要求使用小写属性。

3．HTML 属性参考手册

查看完整的 HTML 属性列表：HTML 标签参考手册。下面列出了适用于大多数 HTML 元素的属性。

7.2.2 常见属性

表 7-3、表 7-4、表 7-5、表 7-6 分别列举了对齐，范围属性、色彩属性、表属性和 img 属性。

表 7-3 对齐，范围属性

属性	意义
ALIGN=LEFT	左对齐（默认值）
WIDTH=像素值或百分比，对象宽度	宽度
HEIGHT=像素值或百分比	对象高度 1
ALIGN=CENTER	居中
ALIGN=RIGHT	右对齐

表 7-4 色彩属性

属性	意义
COLOR=#RRGGBB	前景色
BGCOLOR=#RRGGBB	背景色

表 7-5 表属性

属性	意义
cellpadding=数值单位是像素	定义表元内距
cellspacing=数值单位是像素	定义表元间距
border=数值单位是像素	定义表格边框宽度
width=数值单位是像素或窗口百分比	定义表格宽度

属性	意义
background=图片链接地址	定义表格背景图
Colspan=""	单元格跨越多列
Rowspan=""	单元格跨越多行
Width=""	定义表格宽度
Height=""	定义表格高度
Align=""	对齐方式
Border=""	边框宽度
Bgcolor=""	背景色
Bordercolor=""	边框颜色
Bordercolorlight=""	边框明亮面的颜色
Bordercolordark=""	边框暗淡面的颜色
Cellpadding=""	内容与边框的距离（默认为 2）
Cellspacing=""	单元格间的距离（默认为 2）

表 7-6　img 属性

属性	意义
src="../../"	图片链接地址
filter:""	样式表滤镜
Alpha:""	透明滤镜
opacity:100(0~100);	不透明度
style:2	样式（0~3）
rules="none"	不显示内框
<embed src="…">	多媒体文件标识

7.2.3　属性实例

1．属性例子 1

代码 7-1 实现一个 HTML 元素对齐属性控制实例。

代码 7-1

```
<h1> 定义标题的开始。
<h1 align="center"> 拥有关于对齐方式的附加信息。
```

在浏览器和编辑器中的显示效果如图 7-1 所示。

2．属性例子 2

代码 7-2 实现一个 HTML 元素颜色属性控制实例。

代码 7-2

```
<body> 定义 HTML 文档的主体。
<body bgcolor="yellow"> 拥有关于背景颜色的附加信息。
```

在浏览器和编辑器中的显示效果如图 7-2 所示。

42

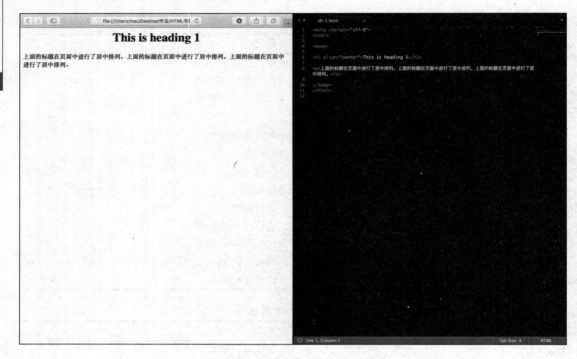

图 7-1　属性样例 1 在浏览器和编辑器中的显示效果

图 7-2　属性样例 2 在浏览器和编辑器中的显示效果

3．属性例子 3

代码 7-3 实现一个 HTML 元素颜色属性控制实例。

代码 7-3

`<table>` 定义 HTML 表格。（您将在稍后的章节学习到更多有关 HTML 表格的内容）
`<table border="1">` 拥有关于表格边框的附加信息。

在浏览器和编辑器中的显示效果如图 7-3 所示。

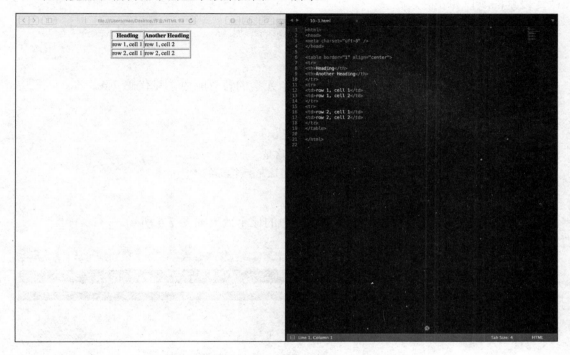

图 7-3　属性样例 3 在浏览器和编辑器中的显示效果

7.3　样　　式

样式即 style，它用于改变 HTML 元素的样式，通常通过 CSS 实现。

7.3.1　简介

HTML 的 style 属性提供了一种改变所有 HTML 元素的样式的通用方法。样式是 HTML 4 引入的，它是一种新的首选的改变 HTML 元素样式的方式。通过 HTML 样式，能够通过使用 style 属性直接将样式添加到 HTML 元素，或者间接地在独立的样式表中（CSS 文件）进行定义。

CSS（style）有以下三种使用方式：

- 内联样式：在 HTML 元素中使用"style"属性；
- 内部样式表：在 HTML 文档头部<head>区域使用<style> 元素 来包含 CSS；
- 外部引用：使用外部 CSS 文件。

最好的方式是通过外部引用 CSS 文件。

7.3.2 内联样式

当特殊的样式需要应用到个别元素时，就可以使用内联样式。使用内联样式的方法是在相关的标签中使用样式属性。样式属性可以包含任何 CSS 属性。以下实例显示出如何改变段落的颜色和左外边距。

```
<p style="color:blue;margin-left:20px;">This is a paragraph.</p>
```

1. HTML 样式实例——背景颜色

背景色属性（background-color）定义一个元素的背景颜色，见代码 7-4。

代码 7-4

```
<body style="background-color:yellow;">
<h2 style="background-color:red;">这是一个标题</h2>
<p style="background-color:green;">这是一个段落。</p>
</body>
```

HTML 样式实例——背景颜色在浏览器中的显示效果如图 7-4 所示。

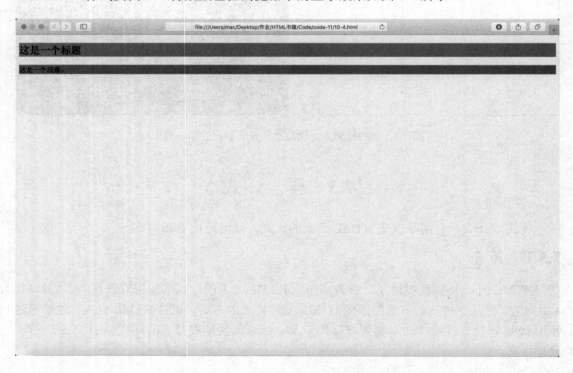

图 7-4　HTML 样式实例——背景颜色在浏览器中的显示效果

早期背景色属性（background-color）是使用 bgcolor 属性定义，这个属性在这里也是可以使用的。

2．HTML 样式实例——字体、字体颜色、字体大小

使用 font-family（字体）、color（颜色）和 font-size（字体大小）属性可以定义字体的样式，见代码 7-5。

代码 7-5

```
<h1 style="font-family:verdana;">一个标题</h1>
<p style="font-family:arial;color:red;font-size:20px;">一个段落。</p>
```

在浏览器中的显示效果如图 7-5 所示。

图 7-5　HTML 样式实例——字体、字体颜色、字体大小在浏览器中的显示效果

现在通常使用 font-family（字体）、color（颜色）和 font-size（字体大小）属性来定义文本样式，而不是使用<font>标签。

3．HTML 样式实例——文本对齐方式

使用 text-align（文字对齐）属性指定文本的水平与垂直对齐方式，见代码 7-6。

代码 7-6

```
<h1 style="text-align:center;">居中对齐的标题</h1>
<p>这是一个段落。</p>
```

在浏览器中的显示效果如图 7-6 所示。

文本对齐属性 text-align 取代了旧标签 <center>。

基本概念

图 7-6　HTML 样式实例——文本对齐方式在浏览器中的显示效果

7.3.3　内部样式表

当单个文件需要特别样式时，就可以使用内部样式表。在<head>部分通过<style>标签可以定义内部样式表。

```
<head>
    <style type="text/css">
    body {background-color:yellow;}
    p {color:blue;}
    </style>
</head>
```

完整代码如代码 7-7。

代码 7-7

```
<!DOCTYPE html>
<html>
<head>
<style type="text/css">
body {background-color:yellow;}
p {color:blue;}
</style>
<meta charset="utf-8">
<title>HTML/CSS/JavaScript Guider</title>
```

```
</head>
<body>

<h1 style="text-align:center;">居中对齐的标题</h1>
<p>这是一个段落。</p>

</body>
</html>
```

在浏览器中的显示效果如图 7-7 所示。

图 7-7　HTML 样式实例——文本对齐方式在浏览器中的显示效果

7.3.4　外部样式表

当样式需要被应用到很多页面时，外部样式表将会是理想的选择。使用外部样式表，就可以通过更改一个文件来改变整个站点的外观。

```
<head>
<link rel="stylesheet" type="text/css" href="mystyle.css">
</head>
```

CSS 文件代码如下。

```
body {
    background-color:black;
}
```

基本概念

```
p {
    color:pink;
}
```

48

HTML 文件代码如代码 7-8 所示。

代码 7-8

```
<!DOCTYPE html>
<html>

<head>
    <link rel="stylesheet" type="text/css" href="10-8.css">
    <meta charset="utf-8">
    <title>HTML/CSS/JavaScript Guider</title>
</head>

<body>

    <p>这是一个段落。</p>

</body>

</html>
```

注意 HTML 文件和 CSS 文件的相对路径要与<link>标签中的 href="10-8.css"一致，如图 7-8 所示。

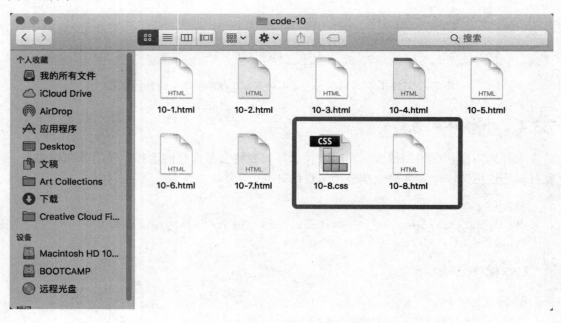

图 7-8　HTML 和 CSS 文件相对路径

浏览器中的显示效果如图 7-9 所示。

图 7-9　HTML 样式实例——文本对齐方式在浏览器中的显示效果

7.3.5　HTML 样式标签

HTML 样式标签如表 7-7 所示。

表 7-7　HTML 样式标签

标签	描述
\<style\>	定义文本样式
\<link\>	定义资源引用地址

7.3.6　已弃用的标签和属性

在 HTML 4，原来支持定义 HTML 元素样式的标签和属性已被弃用。这些标签将不支持新版本的 HTML 标签。不建议使用的标签有：\<font\>、\<center\>、\<strike\>。不建议使用的属性：color 和 bgcolor。

7.4　注　　释

注释标签用于在源代码中插入注释。注释不会显示在浏览器中，如代码 7-9 所示。

代码 7-9

```
<!--这是一段注释。注释不会在浏览器中显示。-->

<p>这是一段普通的段落。</p>
```

可使用注释对代码进行解释，这样做有助于在以后的时间对代码进行编辑。这在编写了大量代码时尤为有用。使用注释标签来隐藏浏览器不支持的脚本也是一个好习惯（这样就不会把脚本显示为纯文本）。注释内容不会显示，注释效果如图 7-10 所示。

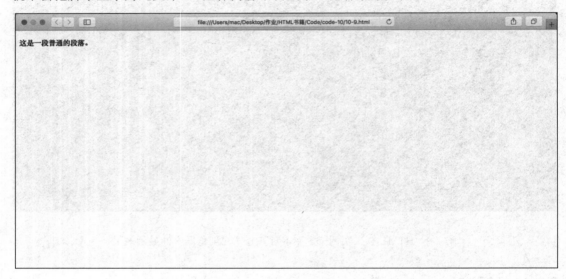

图 7-10　注释效果

7.5　区　　块

7.5.1　简介

大多数 HTML 元素被定义为块级元素或内联元素。块级元素在浏览器显示时，通常会以新行来开始和结束。例如：<h1>、<p>、<ul>、<table>。

7.5.2　常见元素

1．HTML<div>和<span>

HTML 可以通过 <div> 和 <span>将元素组合起来。

2．HTML 内联元素

内联元素在显示时通常不会以新行开始。实例：<b>、<td>、<a>、<img>。

3．HTML<div>元素

HTML <div>元素是块级元素，它可用于组合其他 HTML 元素的容器。<div>元素没有特定的含义。除此之外，由于它属于块级元素，浏览器会在其前后显示折行。如果与 CSS

一同使用，<div> 元素可用于对大的内容块设置样式属性。<div> 元素的另一个常见的用途是文档布局。它取代了使用表格定义布局的老式方法。使用 <table> 元素进行文档布局不是表格的正确用法。<table> 元素的作用是显示表格化的数据。

4．HTML <span> 元素

HTML <span>元素是内联元素，可用作文本的容器<span>元素也没有特定的含义。当与 CSS 一同使用时，<span>元素可用于为部分文本设置样式属性。

5．HTML 分组标签

HTML 分组标签如表 7-8 所示。

表 7-8　HTML 分组标签

标签	描述
<div>	定义了文档的区域，块级 (block-level)
<span>	用来组合文档中的行内元素，内联元素(inline)

思　考　题

1．HTML 元素基本语法有哪几点？

2．没有结束标签 HTML，一定会显示错误吗？

3．下列选项属于 HTML 空元素的一项是（　　　）。

　　A．<p>123</p>

　　B．<script> alert("Hello"); </script>

　　C．
</br>

　　D．<html>null</html>

4．下列不属于 img 属性的是（　　　）。

　　A．src="../../"

　　B．filter:""

　　C．Alpha:""

　　D．Colspan=""

5．什么是 CSS 内联样式？

6．什么是<div>？

第8章　常用控件

8.1　表　单

8.1.1　简介

HTML 表单用于接收不同类型的用户输入，用户提交表单时向服务器传输数据，从而实现用户与 Web 服务器的交互。表单的工作机制如图 8-1 所示。

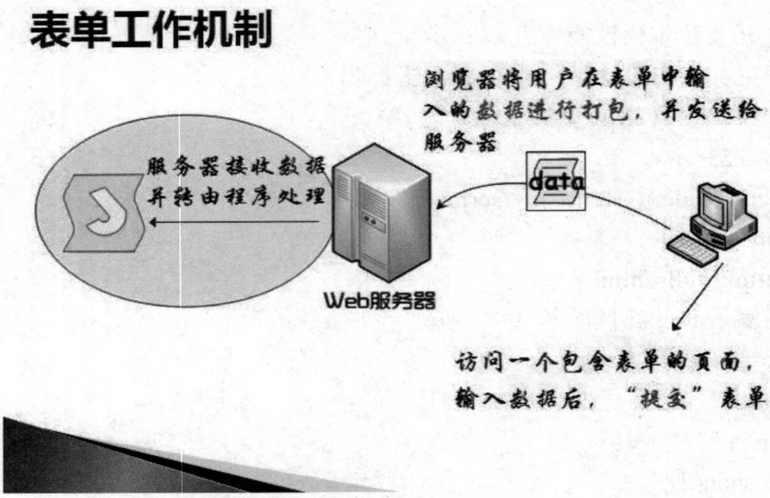

图 8-1　表单的工作机制

8.1.2　表单定义

HTML 表单是一个包含表单元素的区域，表单使用<form> 标签创建。表单能够包含 <a target="_blank" title="HTML input 元素，比如文本字段、复选框、单选框、提交按钮等。表单还可以包含<a target="_blank" title="HTML menus、<a target="_blank" title="HTML textarea、<a target="_blank" title="HTML fieldset、<a target="_blank" title="HTML legend 和 <a target="_blank" title="HTML label 元素。注意，<form >元素是块级元素，其前后会产生折行。

```
<form action="reg.ashx" method="post">
```

```
<!--表单元素在这里-->
</form>
```

8.1.3 表单属性

1．action

规定当提交表单时，向何处发送表单数据。action 取值为：第一，一个 URL（绝对 URL/相对 URL），一般指向服务器端一个程序,程序接收到表单提交过来的数据（即表单元素值）作相应处理，比如<form action="http://www.cnblogs.com/reg.ashx">，当用户提交这个表单时，服务器将执行网址"http://www.cnblogs.com/"上的名为"reg.ashx"的一般处理程序；第二，使用 mailto 协议的 URL 地址，这样会将表单内容以电子邮件的形式发送出去；这种情况是比较少见的，因为它要求访问者的计算机上安装和正确设置好了邮件发送程序；第三，空值，如果 action 为空或不写，表示提交给当前页面。

2．method

该属性定义浏览器将表单中的数据提交给服务器处理程序的方式。关于 method 的取值，最常用的是 get 和 post。第一，使用 get 方式提交表单数据，Web 浏览器会将各表单字段元素及其数据按照 URL 参数格式附在<form>标签的 action 属性所指定的 URL 地址后面发送给 Web 服务器；由于 URL 的长度限制，使用 get 方式传送的数据量一般限制在 1KB 以下。第二，使用 post 方式，浏览器会将表单数据作为 HTTP 请求体的一部分发送给服务器。一般来说，使用 post 方式传送的数据量要比 get 方式传递的数据量大；根据 HTML 标准，如果处理表单的服务器程序不会改变服务器上存储的数据，则应采用 get 方式（比如查询），如果表单处理的结果会引起服务器上存储的数据的变化，则应该采用 post 方式（比如增删改操作）。第三，其他方式（head、put、delete、trace 或 options 等）。其实，最初 HTTP 标准对各种操作都规定了相应的 method，但后来很多都没有被遵守，大部分情况只是使用 get 或 post 就能满足需求。

3．target

该属性规定在何处显示 action 属性中指定的 URL 所返回的结果。取值有_blank（在新窗口中打开）、_self（在相同的框架中打开，默认值）、_parent（在父框架中打开）、_top（在整个窗口中打开）和 framename（在指定的框架中打开）。

4．title

设置网站访问者的鼠标放在表单上的任意位置停留时，浏览器用小浮标显示的文本。

5．enctype

规定在发送到服务器之前应该如何对表单数据进行编码。取值：默认值为 "application/x-www-form-urlencoded"，在发送到服务器之前，所有字符都会进行编码（空格转换为 "+"加号，特殊符号转换为 ASCII HEX 值）；"multipart/form-data"：不对字符编码。在使用包含文件上传控件的表单时，必须使用该值。

6．name

表单的名称。注意与 id 属性的区别：name 属性是和服务器通信时使用的名称；而 id 属性是浏览器端使用的名称，该属性主要是为了方便客户端编程，而在 CSS 和 JavaScript 中使用的。

常用控件

8.1.4 表单元素

1．单行文本框

单行文本框<input type="text"/>（input 的 type 属性的默认值就是"text"）见代码 8-1，单行文本框显示效果如图 8-2 所示。

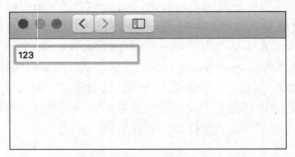

图 8-2　单行文本框显示效果

代码 8-1

```
<input type = "text" name="名称"/>
```

以下是单行文本框的主要属性。

- size：指定文本框的宽度，以字符个数为单位；在大多数浏览器中，文本框的默认宽度是 20 个字符。
- value：指定文本框的默认值，是在浏览器第一次显示表单或者用户单击<input type="reset"/>按钮之后在文本框中显示的值。
- maxlength：指定用户输入的最大字符长度。
- readonly：只读属性，当设置 readonly 属性后，文本框可以获得焦点，但用户不能改变文本框中的 value 属性。
- disabled：禁用，当文本框被禁用时，不能获得焦点。当然，用户也不能改变文本框的值。并且在提交表单时，浏览器不会将该文本框的值发送给服务器。

2．密码框

密码框<input type="password"/>见代码 8-2，密码框显示效果如图 8-3 所示。

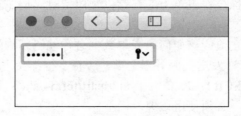

图 8-3　密码框显示效果

代码 8-2

```
<input type="password" name="名称"/>
```

3．单选按钮

使用方式：使用 name 相同的一组单选按钮，对不同 radio 设定不同的 value 属性，这样通过取指定 name 的值就可以知道谁被选中了，而不用单独判断。单选按钮的元素值由 value 属性显式设置。当表单提交时，选中项的 value 和 name 被打包发送，不显式设置 value 属性，见代码 8-3，单选按钮显示效果如图 8-4 所示。

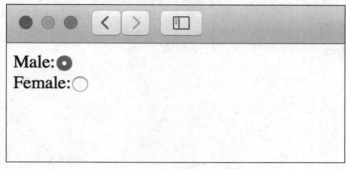

图 8-4　单选按钮显示效果

代码 8-3

```
<input type="radio" name="gender" value="male" />
<input type="radio" name="gender" value="female"/>
```

4．复选框

使用复选按钮组，即 name 相同的一组复选按钮，复选按钮表单元素的元素值由 value 属性显式设置。当表达提交时，所有选中项的 value 和 name 被打包发送不显式设置 value 属性。复选框的 checked 属性表示是否被选中，<input type="checkbox" checked />或者<input type="checkbox" checked="checked" />（推荐）checked、readonly 等这种一个可选值的属性都可以省略属性值，见代码 8-4，复选框线实现效果如图 8-5 所示。

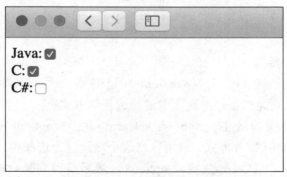

图 8-5　复选框线实现效果

代码 8-4

```
<input type ="checkbox" name="language" value="Java"/>
<input type ="checkbox"  name="language" value="C"/>
<input type ="checkbox" name="language" value="C#"/>
```

5．隐藏域

隐藏域通常用于向服务器提交不需要显示给用户的信息，见代码 8-5，隐藏域显示效果如图 8-6 所示。

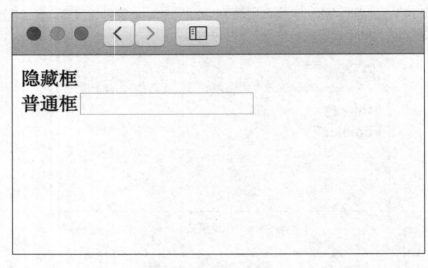

图 8-6　隐藏域显示效果

代码 8-5

```
<input type="hidden" name="隐藏域"/>
```

6．文件上传<input type="file"/>

使用 file，则 form 的 enctype 必须设置为 multipart/form-data，method 属性为 POST，见代码 8-6。

代码 8-6

```
<input name="uploadedFile" id="uploadedFile" type="file" size="60" accept=
"text/*"/>
```

7．下拉框<select>标签

<select>标记创建一个列表框，<option>标记创建一个列表项，<select>与嵌套的<option>一起使用，共同提供在一组选项中进行选择的方式。

将一个 option 设置为选中：<option selected>北京</option>或者<option selected="selected">北京</option>（推荐方式）就可以将这个项设定为选择项。如何实现"不选择"，添加一个<option value="−1">--不选择--<option>，然后编程判断<select>选中的值如果是−1，就认为是不选择。

select 分组选项，可以使用 optgroup 对数据进行分组，分组本身不会被选择，无论对于下拉列表还是列表框都适用。

<select>标记加上 multiple 属性，可以允许多选（按 Ctrl 键选择），见代码 8-7，下拉框样例显示效果如图 8-7 所示。

图 8-7　下拉框样例显示效果

代码 8-7

```
<select name="country" size="10">
    <optgroup label="Africa">
        <option value="gam">Gambia</option>
        <option value="mad">Madagascar</option>
        <option value="nam">Namibia</option>
    </optgroup>
    <optgroup label="Europe">
        <option value="fra">France</option>
        <option value="rus">Russia</option>
        <option value="uk">UK</option>
    </optgroup>
    <optgroup label="North America">
        <option value="can">Canada</option>
        <option value="mex">Mexico</option>
        <option value="usa">USA</option>
    </optgroup>
</select>
```

8．多行文本<textarea></textarea>

多行文本<textarea>创建一个可输入多行文本的文本框，<textarea>没有 value 属性,<textarea>文本</textarea>，cols="50"、rows="15"属性表示行数和列数，不指定则浏览器采取默认显示，见代码 8-8，多行文本显示效果如图 8-8 所示。

代码 8-8

```
<textarea name="textareaContent" rows="20" cols="50" >
多行文本框的初始显示内容
</textarea>
```

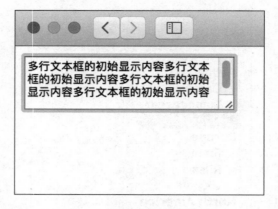

图 8-8　多行文本显示效果

9.　<fieldset></fieldset>标签

<fieldset>标签将控件划分成一个区域，看起来更规整，见代码 8-9，<fieldset>标签显示效果如图 8-9 所示。

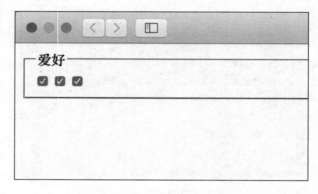

图 8-9　<fieldset>标签显示效果

代码 8-9

```
<fieldset>
  <legend>爱好</legend>
  <input type="checkbox" value="篮球" />
  <input type="checkbox" value="爬山" />
  <input type="checkbox" value="阅读" />
</fieldset>
```

10.　提交按钮<input type="submit"/>

当用户单击<input type="submit"/>的提交按钮时，表单数据会提交给<form>标签的 action 属性所指定的服务器处理程序。中文 IE 浏览器下默认按钮文本为"提交查询"，可以设置 value 属性修改按钮的显示文本，见代码 8-10，提交按钮显示效果如图 8-10 所示。

代码 8-10

```
<input type="submit" value="提交"/>
```

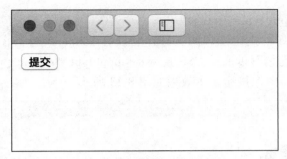

图 8-10　提交按钮显示效果

11. 重置按钮<input type="reset"/>

当用户单击<input type="reset"/>按钮时，表单中的值被重置为初始值。在用户提交表单时，重置按钮的 name 和 value 不会提交给服务器，见代码 8-11，重置按钮显示效果如图 8-11 所示。

图 8-11　重置按钮显示效果

代码 8-11

```
<input type="reset" value="重置按钮"/>
```

12. 普通按钮<input type="button"/>

普通按钮通常用于单击执行一段脚本代码，见代码 8-12，普通按钮显示效果如图 8-12 所示。

图 8-12　普通按钮显示效果

代码 8-12

```
<input type="button" value="普通按钮"/>
```

13．图像按钮<input type="image"/>

图像按钮的 src 属性指定图像源文件，它没有 value 属性。图像按钮可代替<input type="submit"/>，而现在也可以通过 CSS 直接将<input type="submit"/>按钮的外观设置为一幅图片，见代码 8-13，图像按钮显示效果如图 8-13 所示。

图 8-13　图像按钮显示效果

代码 8-13

```
<input type="image" src="bg.jpg" />
```

8.1.5　表单样例

下面提供一个收集信息的表单的样例。使用 form 控件打造个性化表单收集数据是十分方便的，form 的各类属性基本上可以提供常见的手机功能，样例见代码 8-14。

代码 8-14

```
<meta charset="utf-8">
<html>
<head>
    <title>注册页面</title>
    <style type="text/css">
        table
        {
            width: 450px;
            border: 1px solid red;
```

```
            background-color: #FFCB29;
            border-collapse: collapse;
        }
        td
        {

            width: 200;
            height: 40px;
            border: 1px solid black;
        }
        span
        {
            background-color: red;
        }
    </style>
</head>
<body style="background-color: #0096ff;">
    <form name="registerform" id="form1" action="" method="post">
    <table align="center" cellspacing="0" cellpadding="0">
        <tr>
            <td>用户名：   31              </td>
            <td>
                <input type="text" />
            </td>
        </tr>
        <tr>
            <td>密码：   39              </td>
            <td>
                <input type="password" />
            </td>
        </tr>
        <tr>
            <td>确认密码：   47              </td>
            <td>
                <input type="password" />
            </td>
        </tr>
        <tr>
            <td>请选择市：   55              </td>
            <td>
                <select>
                    <optgroup label="中国">
                        <option>甘肃省</option>
                        <option>河南省</option>
                        <option>上海市</option>
                    </optgroup>
                    <optgroup label="American">
                        <option>California</option>
```

常用控件

```
                    <option>Chicago</option>
                    <option>New York</option>
                </optgroup>
            </select>
        </td>
    </tr>
    <tr>
        <td>请选择性别：    74            </td>
        <td>
            <input type="radio" name="sex" id="male" value="0" checked=
            "checked" /><label for="male">男</label>
                <input type="radio" name="sex" id="fmale" value="1" />
            <label for="fmale">女</label>
                <input type="radio" name="sex" id="secret" value="2" />
            <label for="secret">保密</label>
        </td>
    </tr>
    <tr>
        <td>请选择职业：    84            </td>
        <td>
            <input type="radio" id="student" name="profession" /><label
            for="student">学生</label>
            <input type="radio" id="teacher" name="profession" /><label
             for="teacher">教师</label>
            <input type="radio" id="others" name="profession" /><label
            for="others">其他</label>
        </td>
    </tr>
    <tr>
        <td>请选择爱好：    94            </td>
        <td>
            <fieldset>
                <legend>你的爱好</legend>
                <input type="checkbox" name="hobby" id="basketboll" checked=
                "checked" /><label for="basketboll">打篮球</label>
                <input type="checkbox" name="hobby" id="run" /><label
                for="run">跑步</label>
                <input type="checkbox" name="hobby" id="read" /><label
                for="read">阅读</label>
                <input type="checkbox" name="hobby" id="surfing" /><label
                for= "surfing">上网</label>
            </fieldset>
        </td>
    </tr>
    <tr>
        <td>备注：108            </td>
        <td>
```

```
        <textarea cols="30">这里是备注内容</textarea>
      </td>
    </tr>
    <tr>
      <td>
         
      </td>
      <td>
        <input type="submit" value="提交" />
        <input type="reset" value="重置" />
      </td>
    </tr>
  </table>
  </form>
</body>
</html>
```

上述代码的展示效果如图 8-14 所示。

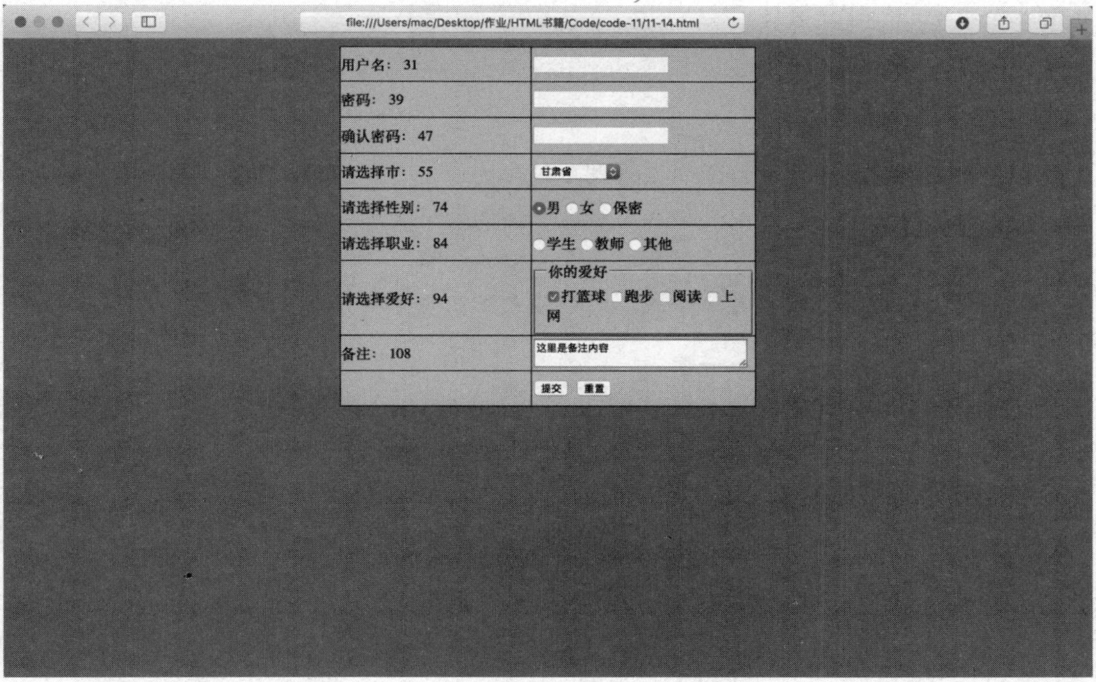

图 8-14　表单样例的展示效果

8.2　媒　　体

8.2.1　HTML 音频（Audio）

声音在 HTML 中可以以不同的方式播放。

常用控件

1. 使用<embed>元素

<embed>标签可以定义外部（非 HTML）内容的容器（这是一个 HTML5 标签，在 HTML4 中是非法的，但是所有浏览器中都有效）。下面的代码片段能够显示嵌入网页中的 MP3 文件：

```
<embed height="50" width="100" src="music.mp3">
```

注意：

- <embed> 标签在 HTML 4 中是无效的，页面无法通过 HTML 4 验证；
- 不同的浏览器对音频格式的支持也不同；
- 如果浏览器不支持该文件格式，则没有插件的话就无法播放该音频；
- 如果用户的计算机未安装插件，则无法播放音频；
- 如果把该文件转换为其他格式，则仍然无法在所有浏览器中播放。

2. 使用<object>元素

<object tag> 标签也可以定义外部（非 HTML）内容的容器。下面的代码片段能够显示嵌入网页中的 MP3 文件。

```
<object height="50" width="100" data="music.mp3"></object>
```

注意：

- 不同的浏览器对音频格式的支持也不同；
- 如果浏览器不支持该文件格式，则没有插件的话就无法播放该音频；
- 如果用户的计算机未安装插件，则无法播放音频；
- 如果把该文件转换为其他格式，则仍然无法在所有浏览器中播放。

3. 使用 HTML5 <audio>元素

HTML5 <audio>元素是一个 HTML5 元素，在 HTML 4 中是非法的，但在所有浏览器中都有效。以下将使用<audio>标签来描述 MP3 文件（Internet Explorer、Chrome 以及 Safari 中是有效的），同样添加了一个 OGG 类型文件（Firefox 和 Opera 浏览器中有效）。如果失败，它会显示一个错误文本信息。

```
<audio controls>
    <source src="music.mp3" type="audio/mpeg">
    <source src="music.ogg" type="audio/ogg">
    Your browser does not support this audio format.
</audio>
```

注意：

- <audio>标签在 HTML 4 中是无效的，该页面无法通过 HTML 4 验证；
- 必须把音频文件转换为不同的格式；
- <audio> 元素在老式浏览器中不起作用。

4．最好的 HTML 音频解决方法

下面的例子使用了两个不同的音频格式。HTML5 <audio>元素会尝试以 MP3 或 OGG 来播放音频。如果失败，代码将回退尝试<embed>元素。

```
<audio controls height="100" width="100">
    <source src="music.mp3" type="audio/mpeg">
    <source src="music.ogg" type="audio/ogg">
    <embed height="50" width="100" src="music.mp3">
</audio>
```

注意：

- 必须把音频转换为不同的格式；
- <embed>元素无法回退来显示错误消息。

8.2.2　HTML 视频（Videos）

1．使用<embed>标签

<embed> 标签的作用是在 HTML 页面中嵌入多媒体元素。下面的 HTML 代码显示嵌入网页的 Flash 视频。

```
<embed src="intro.swf" height="200" width="200">
```

注意：

- HTML4 无法识别<embed>标签，该页面无法通过验证；
- 如果浏览器不支持 Flash，那么视频将无法播放；
- iPad 和 iPhone 不能显示 Flash 视频；
- 如果将视频转换为其他格式，那么它仍然不能在所有浏览器中播放。

2．使用<object>标签

<object> 标签的作用是在 HTML 页面中嵌入多媒体元素。下面的 HTML 片段显示嵌入网页的一段 Flash 视频。

```
<object data="intro.swf" height="200" width="200"></object>
```

注意：

- 如果浏览器不支持 Flash，将无法播放视频；
- iPad 和 iPhone 不能显示 Flash 视频；
- 如果将视频转换为其他格式，那么它仍然不能在所有浏览器中播放。

3．使用 HTML5 <video>元素

HTML5 <video> 标签定义了一个视频或者影片. <video> 元素在所有现代浏览器中都支持。以下 HTML 片段会显示一段嵌入网页的 Ogg、MP4 或 WebM 格式的视频。

实例

```
<video width="320" height="240" controls>
```

```
    <source src="movie.mp4" type="video/mp4">
    <source src="movie.ogg" type="video/ogg">
    <source src="movie.webm" type="video/webm">
您的浏览器不支持 video 标签。
</video>
```

注意：
- 必须把视频转换为很多不同的格式；
- <video> 元素在老式浏览器中无效。

4. 最好的 HTML 视频解决方法

以下实例中使用了四种不同的视频格式。HTML 5 <video> 元素会尝试播放以 MP4、Ogg 或 WebM 格式中的一种来播放视频。如果均失败，则回退到 <embed> 元素。HTML 5 + <object> + <embed>实现如下：

```
<video width="320" height="240" controls>
    <source src="movie.mp4" type="video/mp4">
    <source src="movie.ogg" type="video/ogg">
    <source src="movie.webm" type="video/webm">
    <object data="movie.mp4" width="320" height="240">
      <embed src="movie.swf" width="320" height="240">
    </object>
</video>
```

注意：
- 必须把视频转换为很多不同的格式。

5. 视频网站解决方案

在 HTML 中显示视频的最简单的方法是使用优酷、土豆、YouTube 等视频网站。如果希望在网页中播放视频，那么可以把视频上传到优酷等视频网站，然后在该网页中插入 HTML 代码即可播放视频，代码如下：

```
<embed  src="http://player.youku.com/player.php/sid/XMzI2NTc4NTMy/v.swf"
width="480" height="400" type="application/x-shockwave-flash"> </embed>
```

6. 使用超链接

如果网页包含指向媒体文件的超链接，大多数浏览器会使用"辅助应用程序"来播放文件。以下代码片段显示指向 AVI 文件的链接。如果用户单击该链接，浏览器会启动"辅助应用程序"，比如用 Windows Media Player 来播放这个 AVI 文件：

```
<a href="intro.swf">Play a video file</a>
```

8.3　DIV+CSS

DIV+CSS 是当下网页开发中最常用的一套技术，使用 DIV+CSS 的开发模式可以设计出极为丰富的网页显示效果。DIV 元素就像网页的骨架，而 CSS 则是让网页变得生动的"血和肉"。DIV 的灵活性和 CSS 的标准可复用性相辅相成，让网页开发变得系统而高效。

8.3.1　什么是 DIV+CSS

DIV+CSS 是网站标准（或称"WEB 标准"）中常用术语之一，DIV+CSS 是一种网页的布局方法，这一种网页布局方法有别于传统的 HTML 网页设计语言中的表格（table）定位方式，可实现网页页面内容与表现相分离。XHTML 是 The Extensible HyperText Markup Language（可扩展超文本标识语言）的缩写。XHTML 基于可扩展标记语言（XML），是一种在 HTML 基础上优化和改进的新语言，目的是基于 XML 应用与强大的数据转换能力，适应未来网络应用更多的需求。在 XHTML 网站设计标准中，不再使用表格定位技术，而是采用 DIV+CSS 的方式实现各种定位。

8.3.2　DIV+CSS 产生背景

HTML 语言自 HTML4.01 以来，不再发布新版本，原因就在于 HTML 语言正变得越来越复杂化、专用化。即标记越来越多，甚至各个浏览器生产商也开发出只适合于其特定浏览器的 HTML 标记，这显然有碍于 HTML 网页的兼容性。于是 W3C 组织重新从 SGML 中获取营养，随后发布了 XML。

XML 是一种比 HTML 更加严格的标记语言，全称是可扩展标记语言（EXtensible Markup Language）。但是 XML 过于复杂，且当前的大部分浏览器都不完全支持 XML。于是 XHTML 这种语言就派上了用场，用 XHTML 语言重写后的 HTML 页面可以应用许多 XML 应用技术。使得网页更加容易扩展，适合自动数据交换，并且更加规整。

而 CSS 关键就在于其与脚本语言（如 JavaScript）及 XML 技术的融合，即 CSS+JavaScript+XML（实际上有一种更好的融合：XML+XSL+JavaScript）——但 XSL，即可扩展样式表语言相较于 CSS 过于复杂，不太容易上手。自从 CSS 出现之后，HTML 终于摆脱了杂乱无章的噩梦，开始将页面内容与样式分离。

8.3.3　DIV+CSS 的优势

（1）符合 W3C 标准，微软等公司均为 W3C 支持者。这一点是最重要的，因为这保证了该网站不会因为将来网络应用的升级而被淘汰。

（2）支持浏览器的向后兼容，也就是无论未来的浏览器大战，胜利的是 IE7 浏览器或者是火狐浏览器，该网站都能很好地兼容。

（3）搜索引擎更加友好。相对于传统的 table，采用 DIV+CSS 技术的网页，对于搜索引擎的收录更加友好。

（4）样式的调整更加方便。内容和样式的分离，使页面和样式的调整变得更加方便。现在 YAHOO、MSN 等国际门户网站，以及网易、新浪等国内门户网站，和主流的 Web2.0 网站，均采用 DIV+CSS 的框架模式，更加印证了 DIV+CSS 是大势所趋。

（5）CSS 的极大优势表现在简洁的代码，对于一个大型网站来说，可以节省大量带宽，而且众所周知，搜索引擎喜欢简洁的代码。

（6）表现和结构分离，在团队开发中更容易分工合作而减少相互关联性。

8.3.4 DIV+CSS 嵌入方式

1. 行内套用

可以在 HTML 文件内直接宣告样式。举例来说，嵌入套用样式可以嵌入于 HTML 文件中（通常是在<head>内）。

```
<head>
<style type="text/css">div {background-color: #FF0000; height: 100%;}
</style>
</head>
<body>
<div></div>
</body>
```

以上的 HTML 会显现出：背景颜色是红色。

2. 外部连接套用

在这种方式下，所有的 CSS 样式宣告都是存在另外一个 CSS 文件中。该文件通常名称为.css。

在 HTML 文件的<header>..</header>之中，我们将用以下的编码将这个.css 档案连接进入：

```
<link rel="style" type="text/css" href="CSSFile.css">
```

以上这一行会将在 CSSFile.css 这个文件内所宣告的样式加入 HTML 文件内。

3. 汇入套用

外部的 CSS 样式也可以被汇进 HTML 文件。汇入的做法为利用@import 这个指令。@import 的语法为：

```
<style type="text/css"><!--@import url("style.css");--></style>
```

@import 指令最初的用意，是为了能够针对不同的浏览器而运用不同的样式。不过，现在已经没有这个必要。现在用@import 的目的，最常见的是要加入多个 CSS 样式。当多个 CSS 样式被@import 的方式加入，而不同 CSS 样式互相有冲突时，后被加入的 CSS 样式有优先的顺位（详情请见 CSS 串接）。

4. 标签内部套用

还有一种嵌入的方式是直接写在标签上的，不过这种写法有些限制，大多数标签都可以接受这种解法。

```
<div style="color:#000000;">文字</div>
```

这个代码通过直接嵌入标签的形式，使得标签内的文字更改颜色，而且根据 CSS 的优先调用级直接嵌入标签的写法也更直接、更优先选择调用。

8.3.5 DIV+CSS 布局优点

1．使页面载入得更快

由于将大部分页面代码写在了 CSS 当中，使得页面体积容量变小。相对于表格嵌套的方式，DIV+CSS 将页面独立成更多的区域，在打开页面时，逐层加载。而不像表格嵌套那样，将整个页面圈在一个大表格里，使加载速度变得很慢。

2．降低流量费用

页面体积变小，浏览速度变快，这一点对于某些控制主机流量的网站来说，具有最大的优势。

3．修改设计时更有效率

由于使用了 DIV+CSS 制作方法，在修改页面的时候更加容易省时。根据区域内容标记，到 CSS 里找到相应的 ID，使得修改页面的时候更加方便，也不会破坏页面其他部分的布局样式。

4．保持视觉的一致性

DIV+CSS 最重要的优势之一是保持视觉的一致性。以往表格嵌套的制作方法，会使得页面与页面，或者区域与区域之间的显示效果出现偏差。而使用 DIV+CSS 的制作方法，将所有页面，或所有区域统一用 CSS 文件控制，就避免了不同区域或不同页面出现的效果偏差的情况。

5．更好地被搜索引擎收录

由于将大部分的 HTML 代码和内容样式写入了 CSS 文件中，这就使得网页中正文部分更为突出明显，便于被搜索引擎采集收录。

6．对浏览者和浏览器更具亲和力

我们都知道网站做出来是给浏览者使用的，而 DIV+CSS 在对浏览者和浏览器更具亲和力这方面有优势。由于 CSS 富含丰富的样式，使页面更加灵活，它可以根据浏览器的不同，而达到显示效果的统一和不变形。

8.3.6 DIV+CSS 存在问题

尽管 DIV+CSS 具有一定的优势，不过现阶段 CSS+DIV 网站建设存在的问题也比较明显，主要表现在以下四个方面。

第一，对于 CSS 的高度依赖使得网页设计变得比较复杂。相对于 HTML4.0 中的表格布局（table），CSS+DIV 尽管不是高不可及，但至少要比表格定位复杂得多，即使对于网站设计高手也很容易出现问题，更不要说初学者了，这在一定程度上影响了 XHTML 网站设计语言的普及应用。

第二，CSS 文件异常将影响整个网站的正常浏览。CSS 网站制作的设计元素通常放在一个或几个外部文件中，这一个或几个文件有可能相当复杂，甚至比较庞大。如果 CSS 文件调用出现异常，那么整个网站将变得惨不忍睹。

第三，对于 CSS 网站设计的浏览器兼容性问题比较突出。基于 HTML4.0 的网页设计在 IE4.0 之后的版本中几乎不存在浏览器兼容性问题，但 CSS+DIV 设计的网站在 IE 浏览器里面正常显示的页面，到火狐浏览器（FireFox）中却可能面目全非（这也是为什么建议网络营销人员使用火狐浏览器的原因所在）。CSS+DIV 还有待得到各个浏览器厂商的进一步支持。

第四，CSS+DIV 对搜索引擎优化与否取决于网页设计的专业水平而不是 CSS+DIV 本身。CSS+DIV 网页设计并不能保证网页对搜索引擎的优化，甚至不能保证一定比 HTML 网站有更简洁的代码设计，何况搜索引擎对于网页的收录和排序显然不是以是否采用表格和 CSS 定位来衡量，这就是为什么很多传统表格布局制作的网站在搜索结果中的排序靠前，而很多使用 CSS 及 Web 标准制作的网页排名依然靠后的原因。因为对于搜索引擎而言，网站结构、内容、相关网站链接等因素始终是网站优化最重要的指标。

8.3.7 DIV+CSS 常见错误

1. 检查 HTML 元素是否有拼写错误、是否忘记结束标记

即使是老手也经常会弄错 div 的嵌套关系。可以用 Dreamweaver 的验证功能检查一下有无错误。

2. 检查 CSS 是否正确

检查一下有无拼写错误、是否忘记结尾的"}"等。可以利用 CleanCSS 来检查 CSS 的拼写错误。CleanCSS 本是为 CSS 减肥而设计的工具，但也能检查出拼写错误。

3. 确定错误发生的位置

如果错误影响了整体布局，则可以逐个删除 div 块，直到删除某个 div 块后显示恢复正常，即可确定错误发生的位置。

4. 是否重设了默认的样式

某些属性如 margin、padding 等，不同浏览器会有不同的解释。因此最好在开发前首先将全体的 margin、padding 设置为 0，列表样式设置为 none 等。

5. 是否忘记了写 DTD

如果无论怎样调整，不同浏览器的显示结果还是不一样，那么可以检查一下页面开头是不是忘了写下面这行 DTD：

```
<!DOCTYPE HTML PUBLIC "-//W3C//DTD HTML 4.01 Transitional//EN"
```

8.3.8 DIV+CSS 常用工具

（1）Notepad 记事本：程序小，可随时手工编辑，垃圾代码少，不能可视化预览。

（2）Sublime：比记事本可视化效果好。

（3）Dreamweaver：老牌网页编辑工具，功能全，程序比较大，但对 DIV+CSS 可视化支持程度不太友好。

（4）editplus：应该是升级版的记事本工具，代码编辑有颜色提示。

（5）Golive：将来替代 Dreamweaver 的产品。

（6）Topstyle：功能相当多，附有 CSS 码检查功能，减少写错的机会。尤其是它的 HELP 文件中详细的 CSS 指令介绍，很适于用作参考文件和 CSS 的初学者。

思 考 题

1. 如何定义表单？
2. 表单有哪些常见属性？
3. HTML 视频和音频都可以使用哪些标签？
4. 什么是 DIV+CSS？这种模式有什么好处？

常用控件

第 9 章　代 码 规 范

HTML 代码规范的目的是使 HTML 代码风格保持一致，容易被理解和被维护。如果自己没有这种习惯，请好好选择 IDE，别再用"文本编辑器"，尽可能地选择代码可视化程度高，代码提示功能健全的 IDE，例如：Dreamweaver。

9.1　代 码 风 格

9.1.1　缩进与换行

使用四个空格作为一个缩进层级，不允许使用两个空格或 tab 字符。

示例：

```
<ul>
    <li>first</li>
    <li>second</li>
</ul>
```

- 建议：

每行不得超过 120 个字符。

解释：

过长的代码不容易阅读和维护。但是考虑到 HTML 的特殊性，不做硬性要求，sublime、phpstorm、wenstorm 等都有标尺功能。

9.1.2　命名

class 必须单词全字母小写，单词间以"-"分隔。

class 必须代表相应模块或部件的内容或功能，不得以样式信息进行命名。

示例：

```
<!-- good -->
<div class="sidebar"></div>
<!-- bad -->
<div class="left"></div>
```

元素 id 必须保证页面唯一。

解释：

同一个页面中，不同的元素包含相同的 id，不符合 id 的属性含义。并且使用 document.getElementById 时，可能导致难以追查的问题。

- **建议：**

id 建议单词全字母小写，单词间以"-"分隔。同项目必须保持风格一致。

id、class 命名，在避免冲突并描述清楚的前提下尽可能短。

示例：

```html
<!-- good -->
<div id="nav"></div>
<!-- bad -->
<div id="navigation"></div>


<!-- good -->
<p class="comment"></p>
<!-- bad -->
<p class="com"></p>


<!-- good -->
<span class="author"></span>
<!-- bad -->
<span class="red"></span>
```

同一页面，应避免使用相同的 name 与 id。

解释：

IE 浏览器会混淆元素的 id 和 name 属性，document.getElementById 可能获得不期望的元素。所以在对元素的 id 与 name 属性的命名需要非常小心。一个比较好的方法是，为 id 和 name 使用不同的命名法。

示例：

```html
<input name="foo">
<div id="foo"></div>
<script>
// IE6 将显示 INPUT
alert(document.getElementById('foo').tagName);
</script>
```

9.1.3　标签

（1）标签名必须使用小写字母。

示例：

```html
<!-- good -->
<p>Hello StyleGuide!</p>
```

```
<!-- bad -->
<P>Hello StyleGuide!</P>
```

（2）对于无须自闭合的标签，不允许自闭合。

解释：

常见无须自闭合标签有 input、br、img、hr 等。

示例：

```
<!-- good -->
<input type="text" name="title">

<!-- bad -->
<input type="text" name="title" />
```

（3）对 HTML5 中规定允许省略的闭合标签，不允许省略闭合标签。

示例：

```
<!-- good -->
<ul>
    <li>first</li>
    <li>second</li>
</ul>

<!-- bad -->
<ul>
    <li>first
    <li>second
</ul>
```

（4）标签使用必须符合标签嵌套规则。

解释：

比如 div 不得置于 p 中，tbody 必须置于 table 中。

示例：

```
<!-- good -->
<div><h1><span></span></h1></div>
<a href=""><span></span></a>


<!-- bad -->
<span><div></div></span>
<p><div></div></p>
<h1><div></div></h1>
<h6><div></div></h6>
<a href="a.html"><a href="a.html"></a></a>
```

- 建议：

HTML 标签的使用应该遵循标签的语义。

解释：

下面是常见标签语义：

- p——段落；
- h1,h2,h3,h4,h5,h6——层级标题；
- strong,em——强调；
- ins——插入；
- del——删除；
- abbr——缩写；
- code——代码标识；
- cite——引述来源作品的标题；
- q——引用；
- blockquote——一段或长篇引用；
- ul——无序列表；
- ol——有序列表；
- dl,dt,dd——定义列表。

示例：

```
<!-- good -->
<p>Esprima serves as an important <strong>building block</strong> for some
JavaScript language tools.</p>


<!-- bad -->
<div>Esprima serves as an important <span class="strong">building block
</span> for some JavaScript language tools.</div>
```

- 建议：

CSS 在可以实现相同需求的情况下不得使用表格进行布局。

解释：

在兼容性允许的情况下，应尽量保持语义正确性。对网格对齐和拉伸性有严格要求的场景允许例外，如多列复杂表单。

- 建议：

标签的使用应尽量简洁，减少不必要的标签。

示例：

```
<!-- good -->
<img class="avatar" src="image.png">


<!-- bad -->
<span class="avatar">
    <img src="image.png">
```

```
</span>
```

9.1.4 属性

- **建议：**

属性名必须使用小写字母。

示例：

```
<!-- good -->
<table cellspacing="0">...</table>

<!-- bad -->
<table cellSpacing="0">...</table>
```

- **建议：**

属性值必须用双引号包围。

解释：

不允许使用单引号，不允许不使用引号。

示例：

```
<!-- good -->
<script src="esl.js"></script>

<!-- bad -->
<script src='esl.js'></script>
<script src=esl.js></script>
```

- **建议：**

布尔类型的属性，建议不添加属性值。

示例：

```
<!-- good -->
<input type="text" disabled>
<input type="checkbox" value="1" checked>

<!-- bad -->
<input type="text" disabled="disabled">
<input type="checkbox" value="1" checked="checked">
```

- **建议：**

自定义属性建议以"xxx- "为前缀，推荐使用 "data-"。

解释：

使用前缀有助于区分自定义属性和标准定义的属性。

示例：

```
<ol data-ui-type="Select"></ol>
```

9.2 通　　用

9.2.1　DOCTYPE

- 建议：

使用 HTML5 的 doctype 来启用标准模式，建议使用大写的 DOCTYPE。

示例：

```
<!DOCTYPE html>
```

- 建议：

启用 IE Edge 和 Chrome Frame 模式。

示例：

```
<meta http-equiv="X-UA-Compatible" content="IE=Edge,chrome=1">
```

- 建议：

在<html>标签上设置正确的 lang 属性。

解释：

有助于提高页面的可访问性，如：让语音合成工具确定其所应该采用的发音，令翻译工具确定其翻译语言等。

示例：

```
<html lang="zh-CN">
```

- 建议：

开启双核浏览器的 webkit 内核进行渲染。

示例：

```
<meta name="renderer" content="webkit">
```

- 建议：

开启浏览器的 DNS 预获取。

解释：

减少 DNS 请求次数、对 DNS 进行预获取。

示例：

```
<link rel="dns-prefetch" href="//global.zuzuche.com/">
<link rel="dns-prefetch" href="//imgcdn1.zuzuche.com/">
<link rel="dns-prefetch" href="//qiniucdn.com/">
```

9.2.2　编码

页面必须使用精简形式，明确指定字符编码。指定字符编码的 meta 必须是 head 的第一个直接子元素。

示例：

```html
<html lang="zh-CN">
    <head>
        <meta charset="UTF-8">
        ......
    </head>
    <body>
        ......
    </body>
</html>
```

- **建议：**

HTML 文件使用无 BOM 的 UTF-8 编码。

解释：

UTF-8 编码具有更广泛的适应性。BOM 在使用程序或工具处理文件时，可能造成不必要的干扰。

9.2.3 CSS 和 JavaScript 引入

（1）引入 CSS 时必须指明 rel="stylesheet"。

示例：

```html
<link rel="stylesheet" src="page.css">
```

- **建议：**

引入 CSS 和 JavaScript 时无须指明 type 属性。

解释：

text/CSS 和 text/JavaScript 是 type 的默认值。

- **建议：**

展现定义放置于外部 CSS 中，行为定义放置于外部 JavaScript 中。

解释：

结构–样式–行为的代码分离，对于提高代码的可阅读性和维护性都有好处。

- **建议：**

在 head 中引入页面需要的所有 CSS 资源。

解释：

在页面渲染的过程中，新的 CSS 可能导致元素的样式重新计算和绘制，页面闪烁。

- **建议：**

JavaScript 应当放在页面末尾，或采用异步加载。

解释：

将 script 放在页面中间将阻断页面的渲染。出于性能方面的考虑，如非必要，请遵守此条建议。

示例:

```
<body>
    <!-- a lot of elements -->
    <script src="init-behavior.js"></script>
</body>
```

（2）引用静态资源的 URL 协议部分与页面相同，建议省略协议前缀。
示例:

```
<script src="//global.zuzuche.com/assets/js/gallery/jquery/1.11.2/jquery.js">
</script>
```

9.3　Head

- 页面必须包含 title 标签声明标题。
- title 必须作为 head 的直接子元素，并紧随 <link rel="dns-prefetch"> 声明之后。

解释:

title 中如果包含 ASCII 之外的字符，浏览器需要知道字符编码类型才能进行解码，否则可能导致乱码。

示例:

```
<head>
    <meta charset="UTF-8">
    <link rel="dns-prefetch" href="//global.zuzuche.com/">
    <link rel="dns-prefetch" href="//imgcdn1.zuzuche.com/">
    <link rel="dns-prefetch" href="//qiniucdn.com/">
    <title>页面标题</title>
</head>
```

9.4　图　　片

禁止 img 的 src 取值为空。延迟加载的图片也要增加默认的 src。

解释:

src 取值为空，会导致部分浏览器重新加载一次当前页面，参考：https://developer.yahoo.com/performance/rules.html#emptysrc。

- **建议:**

避免为 img 添加不必要的 title 属性。

解释:

多余的 title 影响看图体验，并且增加了页面尺寸。

- **建议:**

为重要图片添加 alt 属性。

解释：

可以提高图片加载失败时的用户体验。

- **建议：**

添加 width 和 height 属性，以避免页面抖动。

- **建议：**

有下载需求的图片采用 img 标签实现，无下载需求的图片采用 CSS 背景图实现。

解释：

产品 LOGO、用户头像、用户产生的图片等有潜在下载需求的图片，以 img 形式实现，能方便用户下载。无下载需求的图片，比如：icon、背景、代码使用的图片等，尽可能采用 CSS 背景图实现。

9.5　表　　单

- **建议：**

有文本标题的控件必须使用 label 标签将其与其标题相关联。

解释：

实现这个效果有两种方式：将控件置于 label 内。label 的 for 属性指向控件的 id。推荐使用第一种，减少不必要的 id。如果 DOM 结构不允许直接嵌套，则应使用第二种。

示例：

```
<label><input type="checkbox" name="confirm" value="on"> 我已确认上述条款
</label>

<label for="username">用户名：</label>
<input type="textbox" name="username" id="username">
```

9.6　按　　钮

- **建议：**

使用 button 元素时必须指明 type 属性值。

解释：

button 元素的默认 type 为 submit，如果被置于 form 元素中，单击后将导致表单提交。为方便理解显示区分其作用，必须给出 type 属性。

示例：

```
<button type="submit">提交</button>
<button type="button">取消</button>
```

- **建议：**

尽量不要使用按钮类元素的 name 属性。

解释：

由于浏览器兼容性问题，使用按钮的 name 属性会带来许多难以发现的问题。具体情况可参考此文。

● **建议：**

负责主要功能的按钮在 DOM 中的顺序应靠前。

解释：

负责主要功能的按钮应相对靠前，以提高可访问性。如果在 CSS 中指定了 float: right 则可能导致视觉上主按钮在前，而 DOM 中主按钮靠后的情况。

示例：

```
<!-- good -->
<style>
    .buttons .button-group {
        float: right;
    }
</style>


<div class="buttons">
    <div class="button-group">
        <button type="submit">提交</button>
        <button type="button">取消</button>
    </div>
</div>


<!-- bad -->
<style>
.buttons button {
    float: right;
}
</style>


<div class="buttons">
    <button type="button">取消</button>
    <button type="submit">提交</button>
</div>
```

● **建议：**

当使用 JavaScript 进行表单提交时，如果条件允许，应使原生提交功能正常工作。

解释：

当浏览器 JavaScript 运行错误或关闭 JavaScript 时，提交功能将无法工作。如果正确指定了 form 元素的 action 属性和表单控件的 name 属性时，则提交仍可继续进行。

示例:

```
<form action="/login" method="post">
    <p><input name="username" type="text" placeholder="用户名"></p>
    <p><input name="password" type="password" placeholder="密码"></p>
</form>
```

● **建议:**

在针对移动设备开发的页面时,根据内容类型指定输入框的 type 属性。

解释:

根据内容类型指定输入框类型,能获得友好的输入体验。

示例:

```
<input type="date">
<input type="tel">
<input type="number">
<input type="number" pattern="\d*">
```

9.7　模板中的 HTML

● **建议:**

模板代码的缩进优先保证 HTML 代码的缩进规则。

示例:

```
<!-- good -->
<!-- IF is_display -->
<div>
    <ul>
        <!-- BEGIN item_list -->
        <li>{name}<li>
        <!-- END item_list -->
    </ul>
</div>
<!-- ENDIF item_list -->

<!-- bad -->
<!-- IF is_display -->
    <div>
        <ul>
    <!-- BEGIN item_list -->
        <li>{$item.name}<li>
    <!-- END item_list -->
        </ul>
    </div>
```

```
<!-- ENDIF item_list -->
```

- **建议：**

模板代码应以保证 HTML 单个标签语法的正确性为基本原则。

示例：

```
<!-- good -->
<li class="<!-- IF selected --> selected<!-- ENDIF selected -->">{type_name}
</li>


<!-- bad -->
<li <!-- IF selected --> class="focus"<!-- ENDIF selected -->>{type_name}
</li>
```

- **建议：**

模板代码应以保证结束符的闭合名。

示例：

```
<!-- good -->
<!-- IF is_display -->
<div>
    <!-- BEGIN item_list -->
    <ul>
        <!-- BEGIN package_list -->
        <li>
            <span>{name}：</span><span>￥{unit_price}</span>
        <li>
        <!-- END package_list -->
    </ul>
    <!-- END item_list -->
</div>
<!-- ENDIF is_display -->


<!-- bad -->
<!-- IF is_display -->
<div>
    <!-- BEGIN item_list -->
    <ul>
        <!-- BEGIN package_list -->
        <li>
            <span>{name}：</span><span>￥{unit_price}</span>
        <li>
        <!-- END -->
    </ul>
    <!-- END -->
```

```
</div>
<!-- ENDIF -->
```

- **建议**：

在循环处理模板数据构造表格时，若要求每行输出固定的个数，建议先将数据分组，之后再循环输出，模板只是做数据展示，别加插太多业务逻辑（其他数据构造同理）。

示例：

```
<!-- good -->
<table>
    <!-- BEGIN item_list -->
    <tr>
        <!-- BEGIN package_list -->
        <td>
            <span>{name}：</span><span>￥{unit_price}</span>
        </td>
        <!-- END package_list -->
    <tr>
    <!-- END item_list -->
</table>

<!-- bad -->
<table>
<tr>
    <!-- BEGIN item_list -->
    <td>
        <span>{name}：</span><span>￥{unit_price}</span>
    </td>
        <!-- IF id="5" -->
    </tr>
    <tr>
        <!-- ENDIF id -->
    <!-- END item_list -->
</tr>
</table>

<!-- good -->
<table>
    <!-- BEGIN item_list -->
    <tr>
        <!-- BEGIN package_list -->
        <td>
            <span>{name}：</span><span>￥{price}</span>
        </td>
        <!-- END package_list -->
    <tr>
```

```
    <!-- END item_list -->
</table>

<!-- bad -->
<table>
<!-- BEGIN item_list -->
<tr>
    <td>
        <span>{name}:</span>
        <!-- IF type="unit" -->
        <span>￥{unit_price}</span>
        <!-- ELSEIF type="total" -->
        <span>￥{total_price}</span>
        <!-- ENDIF type -->
    </td>
</tr>
<!-- END item_list -->
</tr>
</table>
```

9.8   模 板 使 用

使用模板是 HTML 开发中经常用到的技巧，因为许多优秀的模板能够大大减少搭建 HTML 和设计 CSS 的时间。如何学会规范地使用模板不仅会加快开发进度，也会大大提高项目的可维护性。

9.8.1　为什么使用 HTML 模板

使用后台开发语言的人都很了解语言的动态性给开发带来的好处，如 php，aspx，jsp 页面都可以直接使用相应的语法和变量，输出的事就交给解释器或编译器了，用起来方便快捷，但需要额外的解释工作。

例如：php 模板，需要 php 解析后，再由 apache 输出；aspx 需要专用 dll 解析后，由 IIS 输出；jsp 需要虚拟机解析后，由 tomcat 输出。

总之，就是 Web 服务器无法直接识别并输出这些动态语言的文件格式，但对 HTML 都直接识别输出给浏览器。如果直接用 HTML 来做网页内容的展示，就少了一层解析工作。从客户端发起请求到网页输出，不可置疑 HTML 一定是最快的，这就是为什么大并发网站都会将动态内容静态化的一个重要原因。

HTML 有打开效率高的先天优势，但也有一个先天缺陷——不支持动态语言，这也是 HTML 模板语言出现的原因，让网站即 HTML 高效，又享受内容的动态化。

9.8.2　如何获取 HTML 模板

使用搜索引擎搜索 HTML 模板，常见的模板网站例如模板之家，站长素材等。

代码规范

思 考 题

1．请简述 HTML 缩进与换行的规范。
2．HTML 按钮代码规范的注意事项有哪些？
3．使用 HTML 模板最大的好处是什么？

第 10 章

HTML 样例

接下来会通过分析一个实例，来进一步说明 HTML 搭建网站时的使用。

下面通过使用 Dreamweaver 模板建立一个简历模板，笔者会逐步地分析下面的 HTML 源码，来学习规范的 HTML 编码过程，见代码 10-1。

代码 10-1

```html
<!DOCTYPE html>
<html lang="en">
<head>
<meta charset="UTF-8">
<meta http-equiv="X-UA-Compatible" content="IE=edge">
<meta name="viewport" content="width=device-width, initial-scale=1">
<title>Portfolio</title>

<!-- Bootstrap -->
<link rel="stylesheet" href="../../../../代码/css/bootstrap.css">

<!-- HTML5 shim and Respond.js for IE8 support of HTML5 elements and media
queries -->
<!-- WARNING: Respond.js doesn't work if you view the page via file:// -->
<!--[if lt IE 9]>
    <script src="https://oss.maxcdn.com/html5shiv/3.7.2/html5shiv.min.js">
    </script>
    <script src="https://oss.maxcdn.com/respond/1.4.2/respond.min.js">
    </script>
    <![endif]-->
</head>
<body>

  <div class="container">
   <hr>
   <div class="row">
     <div class="col-xs-6">
       <h1>John Doe</h1>
     </div>
     <div class="col-xs-6">
       <p class="text-right"><a href="">Download my Resume <span class=
       "glyphicon glyphicon-download-alt" aria-hidden="true"></span></a></p>
```

```html
      </div>
    </div>
    <hr>
    <div class="row">
      <div class="col-xs-7">
        <div class="media">
          <div class="media-left"> <a href="#"> <img class="media-object
          img-rounded" src="../../../../代码/images/115X115.gif" alt="...">
          </a> </div>
          <div class="media-body">
            <h2 class="media-heading">Web Developer</h2>
            Lorem ipsum dolor sit amet, consectetur adipisicing elit. Aliquam,
            neque, in, accusamus optio architecto debitis dolor animi placeat
            ut ab corporis laboriosam itaque. Nobis, sapiente quo dolorum ut
            quod possimus doloremque suscipit ad doloribus quam dolor </div>
        </div>
      </div>
      <div class="col-xs-5 well">
        <div class="row">
          <div class="col-lg-6">
            <h4><span class="glyphicon glyphicon-phone" aria-hidden="true">
            </span> : 123-456-7890</h4>
          </div>
          <div class="col-lg-6">
            <h4><span class="glyphicon glyphicon-envelope" aria-hidden="true">
            </span> : john@example.com</h4>
          </div>
        </div>
        <div class="row">
          <div class="col-lg-6">
            <h4><span class="glyphicon glyphicon-map-marker" aria-hidden="true">
            </span> : San Francisco, CA</h4>
          </div>
          <div class="col-lg-6">
            <h4><span class="glyphicon glyphicon-phone" aria-hidden="true">
            </span> : 123-456-7890</h4>
          </div>
        </div>
      </div>
    </div>
    <hr>
    <div class="row">
      <div class="col-sm-8 col-lg-7">
        <h2>Education</h2>
        <hr>
```

```html
<div class="row">
  <div class="col-xs-6"><h4>College of Web Design</h4></div>
  <div class="col-xs-6">
    <h4 class="text-right"><span class="glyphicon glyphicon-calendar"
    aria-hidden="true"></span> Jan 2002 - Dec 2006</h4>
  </div>
</div>
<h4><span class="label label-default">Bachelors</span></h4>
<p>Lorem ipsum dolor sit amet, consectetur adipisicing elit. Sint,
recusandae, corporis, tempore nam fugit deleniti sequi excepturi quod
repellat laboriosam soluta laudantium amet dicta non ratione distinctio
nihil dignissimos esse!</p>
<div class="row">
  <div class="col-xs-6">
    <h4>University of Web Design</h4>
  </div>
  <div class="col-xs-6">
    <h4 class="text-right"><span class="glyphicon glyphicon-calendar"
    aria-hidden="true"></span> Jan 2006 - Dec 2008</h4>
  </div>
</div>
<h4><span class="label label-default">Masters</span></h4>
<p>Lorem ipsum dolor sit amet, consectetur adipisicing elit. Sint,
recusandae, corporis, tempore nam fugit deleniti sequi excepturi quod
repellat laboriosam soluta laudantium amet dicta non ratione distinctio
nihil dignissimos esse!</p>
</div>
<div class="col-sm-4 col-lg-5">
<h2>Skill Set</h2>
<hr>
<!-- Green Progress Bar -->
<div class="progress">
  <div class="progress-bar progress-bar-success" role="progressbar"
  aria-valuenow="85" aria-valuemin="0" aria-valuemax="100" style=
  "width: 85%"> HTML</div>
</div>
<!-- Blue Progress Bar -->
<div class="progress">
  <div class="progress-bar progress-bar-success" role="progressbar"
  aria-valuenow="80" aria-valuemin="0" aria-valuemax="100" style=
  "width: 80%"> CSS</div>
</div>
<!-- Yellow Progress Bar -->
<div class="progress">
  <div class="progress-bar progress-bar-success" role="progressbar"
```

```
      aria-valuenow="70" aria-valuemin="0" aria-valuemax="100" style=
      "width: 70%"> JAVASCRIPT</div>
    </div>
    <!-- Red Progress Bar -->
    <div class="progress">
      <div class="progress-bar progress-bar-info" role="progressbar"
      aria-valuenow="60" aria-valuemin="0" aria-valuemax="100" style=
      "width: 60%"> PHP</div>
    </div>
    <div class="progress">
      <div class="progress-bar progress-bar-warning" role="progressbar"
      aria-valuenow="55" aria-valuemin="0" aria-valuemax="100" style="width:
      55%"> WORDPRESS</div>
    </div>
    <div class="progress">
      <div class="progress-bar progress-bar-danger" role="progressbar"
      aria-valuenow="50" aria-valuemin="0" aria-valuemax="100" style="width:
      50%"> PHOTOSHOP</div>
    </div>
    <div class="progress">
      <div class="progress-bar progress-bar-danger" role="progressbar"
      aria-valuenow="50" aria-valuemin="0" aria-valuemax="100" style="width:
      50%"> ILLUSTRATOR</div>
    </div>
</div>
  </div>
  <hr>
  <h2>Work Experience</h2>
<hr>
  <div class="row">
    <div class="col-lg-6">
      <div class="row">
        <div class="col-xs-5">
          <h4>ABC Corp.</h4>
        </div>
<div class="col-xs-5">
        <h4 class="text-right"><span class="glyphicon glyphicon-calendar"
        aria-hidden="true"></span> Jan 2002 - Dec 2006</h4>
      </div>
    </div>
    <h4><span class="label label-default">Web Developer</span></h4>
    <p>Lorem ipsum dolor sit amet, consectetur adipisicing elit. Sint,
    recusandae, corporis, tempore nam fugit deleniti sequi excepturi quod
    repellat laboriosam soluta laudantium amet dicta non ratione distinctio
    nihil dignissimos esse!</p>
```

```html
      <ul>
        <li>Lorem ipsum dolor sit amet.</li>
        <li>Lorem ipsum dolor sit amet, consectetur.</li>
        <li>Lorem ipsum dolor sit amet, consectetur adipisicing.</li>
      </ul>
    </div>
    <div class="col-lg-6">
      <div class="row">
        <div class="col-xs-5">
          <h4>XYZ Corp.</h4>
        </div>
        <div class="col-xs-6">
          <h4 class="text-right"><span class="glyphicon glyphicon-calendar"
          aria-hidden="true"></span> Jan 2002 - Dec 2006</h4>
        </div>
      </div>
      <h4><span class="label label-default">Senior Web Developer</span></h4>
      <p>Lorem ipsum dolor sit amet, consectetur adipisicing elit. Sint,
      recusandae, corporis, tempore nam fugit deleniti sequi excepturi quod
      repellat laboriosam soluta laudantium amet dicta non ratione distinctio
      nihil dignissimos esse!</p>
      <ul>
        <li>Lorem ipsum dolor sit amet.</li>
        <li>Lorem ipsum dolor sit amet, consectetur.</li>
        <li>Lorem ipsum dolor sit amet, consectetur adipisicing.</li>
      </ul>
    </div>
  </div>
  <hr>
  <h2>Portfolio</h2>
  <hr>
  <div class="container">
    <div class="row">
      <div class="col-lg-4 col-sm-6 col-xs-6"><img src="../../../../代码
      /images/300X200.gif" alt=""><hr class="hidden-lg"></div>
      <div class="col-lg-4 col-sm-6 col-xs-6"><img src="../../../../代码
      /images/300X200.gif" alt=""><hr class="hidden-lg"></div>
      <div class="col-lg-4 col-sm-6 col-xs-6"><img src="../../../../代码
      /images/300X200.gif" alt=""></div>
      <div class="col-lg-4 col-sm-6 col-xs-6 hidden-lg"><img src="../../
      /../../代码/images/300X200.gif" alt=""></div>
    </div>
    <hr>
    <div class="row">
      <div class="col-lg-4 col-sm-6 col-xs-6"><img src="../../../../代码
```

```
                   /images/300X200.gif" alt=""><hr class="hidden-lg"></div>
        <div class="col-lg-4 col-sm-6 col-xs-6"><img src="../../../../代码
        /images/300X200.gif" alt=""><hr class="hidden-lg"></div>
        <div class="col-lg-4 col-sm-6 col-xs-6"><img src="../../../../代码
        /images/300X200.gif" alt=""></div>
        <div class="col-lg-4 col-sm-6 col-xs-6 hidden-lg"><img src="../../../../
        代码/images/300X200.gif" alt=""></div>
      </div>
    </div>
    <hr>
    <h2>Contact</h2>
    <hr>
  </div>
  <div class="container">
  <div class="row">
    <div class="col-lg-offset-3 col-xs-12 col-lg-6">
      <div class="jumbotron">
        <div class="row text-center">
          <div class="text-center col-xs-12 col-sm-12 col-md-12 col-lg-12"> </div>
          <div class="text-center col-lg-12">
            <!-- CONTACT FORM https://github.com/jonmbake/bootstrap3-contact-
            form -->
            <form role="form" id="feedbackForm" class="text-center">
              <div class="form-group">
                <label for="name">Name</label>
                <input type="text" class="form-control" id="name" name="name"
                placeholder="Name">
                <span class="help-block" style="display: none;">Please enter
                your name.</span></div>
              <div class="form-group">
                <label for="email">E-Mail</label>
                <input type="email" class="form-control" id="email" name=
                "email" placeholder="Email Address">
                <span class="help-block" style="display: none;">Please enter
                a valid e-mail address.</span></div>
              <div class="form-group">
                <label for="message">Message</label>
                <textarea rows="10" cols="100" class="form-control" id="message"
                name="message" placeholder="Message"></textarea>
                <span class="help-block" style="display: none;">Please enter
                a message.</span></div>
              <span class="help-block" style="display: none;">Please enter a
              the security code.</span>
              <button type="submit" id="feedbackSubmit" class="btn btn-primary
              btn-lg" style=" margin-top: 10px;"> Send</button>
```

```
          </form>
          <!-- END CONTACT FORM -->
        </div>
      </div>
    </div>
  </div>
</div>
<hr>
<footer class="text-center">
  <div class="container">
    <div class="row">
      <div class="col-xs-12">
        <p>Copyright © MyWebsite. All rights reserved.</p>
      </div>
    </div>
  </div>
</footer>
<!-- jQuery (necessary for Bootstrap's JavaScript plugins) -->
<script src="../../../../代码/js/jquery-1.11.3.min.js"></script>
<!-- Include all compiled plugins (below), or include individual files as
needed -->
<script src="../../../../代码/js/bootstrap.js"></script>
</body>
</html>
```

通过折叠代码，可以发现其实网站的整体架构很简单，包括一些 head 信息，两个 container，一个 footer 和一些 script 引用。网站代码结构如图 10-1 所示。

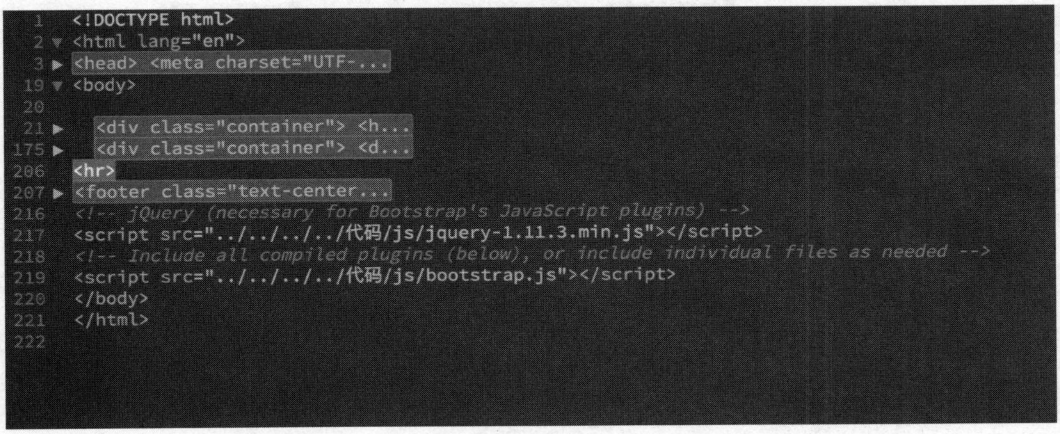

图 10-1　网站代码结构

首先看到<head>标签部分，里面规定了许多 meta 属性，例如 charset 表示当前使用的文字编码，一般设置成 utf-8 可以适应各类平台。

```
<head>
<meta charset="utf-8">
```

从上述代码可以发现很多类似下面这样的 class，这些都是 bootstrap 定义好的 css 类，可以适应各类界面，并且其实现是十分精美高效的。因此，在开发中尽可能地多用这类"标准"控件。

```
<div class="col-xs-6">
```

显示结果如图 10-2 所示。

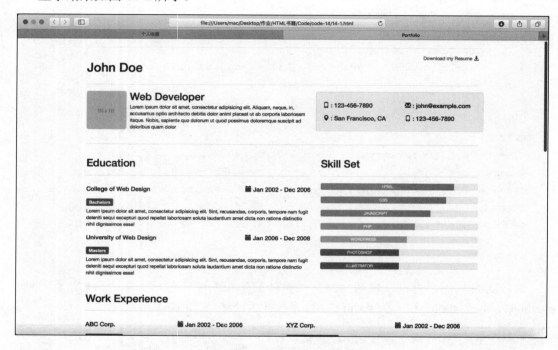

图 10-2　网站代码结构

思 考 题

1. 请修改提供的简历源码，加入自己的个人内容。
2. 尝试创建一个自己的 HTML 简历。

本部分小结

通过对 HTML 的学习，了解了网页里最基本的元素构成，HTML 也为后面的 CSS 控制显示效果，以及为 JavaScript 实现动态变化提供了页面基础。

第三部分　CSS

通过对 HTML 语言的学习，相信读者对于前段开发的骨架搭建，有了一个清晰的认识，而接下来的 CSS 语言则是让 HTML 所搭建的前端框架更为美观、规范的一套技术。通过本部分的学习，读者将能够使用 HTML 与 CSS 搭建一个美观并且具有简单交互功能的网页。

第 11 章 | CSS 介绍

11.1　简　介

11.1.1　CSS 历史

从 HTML 被发明开始，样式就以各种形式存在。不同的浏览器会结合它们各自的样式语言，为用户提供页面效果的控制。最初的 HTML 只包含很少的显示属性。

随着 HTML 的成长，为了满足页面设计者的要求，HTML 添加了很多显示功能。但是随着这些功能的增加，HTML 变得越来越杂乱，而且 HTML 页面也变得越来越臃肿。于是 CSS 便诞生了。

1994 年哈坤·利提出了 CSS 的最初建议，而当时伯特·波斯（Bert Bos）正在设计一个名为 Argo 的浏览器，于是他们决定一起设计 CSS。

其实当时在互联网界已经有过一些统一样式表语言的建议了，但 CSS 是第一个含有"层叠"丰意的样式表语言。在 CSS 中，一个文件的样式可以从其他的样式表中继承。读者在有些地方可以使用他自己更喜欢的样式，在其他地方则继承或"层叠"作者的样式。这种层叠的方式使作者和读者都可以灵活地加入自己的设计，混合每个人的爱好。

哈坤于 1994 年在芝加哥的一次会议上第一次提出了 CSS 的建议，1995 年的 www 网络会议（国际万维网大会）上 CSS 又一次被提出，博斯演示了 Argo 浏览器支持 CSS 的例子，哈坤也展示了支持 CSS 的 Arena 浏览器。

同年，W3C 组织（World Wide Web Consortium）成立，CSS 的创作成员全部成为了 W3C 的工作小组并且全力以赴负责研发 CSS 标准，层叠样式表的开发终于步入正轨。有越来越多的成员参与其中，如微软公司的托马斯·莱尔顿（Thomas Reaxdon），他的努力最终令 IE 浏览器支持 CSS 标准。

11.1.2　CSS 语言特点

1．丰富的样式定义

CSS 提供了丰富的文档样式外观，以及设置文本和背景属性的能力；允许为任何元素创建边框，以及元素边框与其他元素间的距离，以及元素边框与元素内容间的距离；允许随意改变文本的大小写方式、修饰方式以及其他页面效果。

2．易于使用和修改

CSS 可以将样式定义在 HTML 元素的 style 属性中，也可以将其定义在 HTML 文档的

header 部分，还可以将样式声明在一个专门的 CSS 文件中，以供 HTML 页面引用。总之，CSS 样式表可以将所有的样式声明统一存放，进行统一管理。

另外，可以将相同样式的元素进行归类，使用同一个样式进行定义，也可以将某个样式应用到所有同名的 HTML 标签中，还可以将一个 CSS 样式指定到某个页面元素中。如果要修改样式，只需要在样式列表中找到相应的样式声明进行修改。

3．多页面应用

CSS 样式表可以单独存放在一个 CSS 文件中，这样就可以在多个页面中使用同一个 CSS 样式表。CSS 样式表理论上不属于任何页面文件，在任何页面文件中都可以将其引用。这样就可以实现多个页面风格的统一。

4．层叠

简言之，层叠就是对一个元素多次设置同一个样式，这将使用最后一次设置的属性值。例如对一个站点中的多个页面使用了同一套 CSS 样式表，而某些页面中的某些元素想使用其他样式，就可以针对这些样式单独定义一个样式表应用到页面中。这些后来定义的样式将对前面的样式设置进行重写，在浏览器中看到的将是最后面设置的样式效果。

5．页面压缩

在使用 HTML 定义页面效果的网站中，往往需要大量或重复的表格和 font 元素形成各种规格的文字样式，这样做的后果就是会产生大量的 HTML 标签，从而使页面文件的大小增加。而将样式的声明单独放到 CSS 样式表中，可以大大地减小页面的体积，这样在加载页面时使用的时间也会大大减少。另外，CSS 样式表的复用更大程度地缩减了一个主题下其他页面的体积，缩短了整个网站内容下载的时间。

11.1.3　CSS 工作原理

CSS 是一种定义样式结构如字体、颜色、位置等的语言，被用于描述网页上的信息格式化和现实的方式。CSS 样式可以直接存储于 HTML 网页或者单独的样式单文件。无论哪一种方式，样式单都包含可以将样式应用到指定类型的元素的规则。当在外部使用时，样式单规则被放置在一个带有文件扩展名_css 的外部样式单文档中。

样式规则是可应用于网页中的元素，如文本段落或链接的格式化指令。样式规则是由一个或多个样式属性及其值组成。内部样式单直接放在网页中，外部样式单保存在独立的文档中，网页通过一个特殊标签链接外部样式单。

名称 CSS 中的"层叠（cascading）"表示样式单规则应用于 HTML 文档元素的方式。具体地说，CSS 样式单中的样式形成一个层次结构，即更具体的样式覆盖通用样式。样式规则的优先级由 CSS 根据这个层次结构决定，从而实现级联效果。

11.2　语　言　基　础

11.2.1　属性和属性值

1．属性

属性的名字是一个合法的标识符，它们是 CSS 语法中的关键字。一种属性规定了格式修饰的一个方面。例如：color 是文本的颜色属性，而 text-indent 则规定了段落的缩进。

要掌握一个属性的用法，有六个方面需要了解，具体叙述如下。

（1）该属性的合法属性值（legal value）。显然段落缩进属性 text-indent 只能赋给一个表示长度的值，而表示背景图案的 background.image 属性则应该取一个表示图片位置链接的值或者是表示不用背景图案的关键字 none。

（2）该属性的默认值（initial value）。当在样式表单中没有规定该属性，而且该属性不能从其父级元素那儿继承时，则浏览器将认为该属性取它的默认值。

（3）该属性所适用的元素（Applies to）。有的属性只适用于某些个别的元素，比如 white-space 属性就只适用于块级元素。white-space 属性可以取 normal、pre 和 nowrap 这三个值。当取 normal 的时候，浏览器将忽略掉连续的空白字符，而只显示一个空白字符。当取 pre 的时候，则保留连续的空白字符。而取 nowrap 的时候，连续的空白字符被忽略，并且不自动换行。

（4）该属性的值是否被下一级继承（inherited）。

（5）如果该属性能取百分值（percentage），那么该百分值将如何解释，即该百分值所相对的标准是什么。如 margin 属性可以取百分值，它是相对于 margin 所存元素的容器的宽度。

（6）该属性所属的媒介类型组（media groups）。

2．属性值

（1）整数和实数

这和普通意义上的整数和实数没有多大区别。在 CSS 中只能使用浮点小数，而不能像其他编程语言那样使用科学记数法来表示实数，即 1.2E3 在 CSS 中将是不合法的。下面是几个正确的例子：整数：128、−313；实数：12.20、1415、−12.03。

（2）长度量

一个长度量是由整数或实数加上相应的长度单位组成。长度量常用来对元素定位。而定位分为绝对定位和相对定位，因而长度单位也分为相对长度单位和绝对长度单位。

相对长度单位有：em 表示当前字体的高度，也就是 font.size 属性的值；ex 表示当前字体中小写字母 x 的高度；Dx 表示一个像素的长度，其实际的长度由显示器的设置决定，比如在 800×600 的设置下，一个像素的长度就等于屏幕的宽度除以 800。

另外值得注意的一点是，子级元素不继承父级元素的相对长度值，只继承它们的实际计算值。

（3）百分数量（percentages）

百分数量就是数字加上百分号。显然，百分数量总是相对的，所以和相对长度量一样，百分数量不能被子级元素继承。

11.2.2　选择器

1．类型选择器

CSS 中的一种选择器是元素类型的名称。使用这种选择器（称为类型选择器），可以在这种元素类型的每个实例上应用声明。例如，以下简单规则的选择器是 H1，因此规则作用于文档中所有的 H1 元素。

```
H1 {color:red}
```

2. 简单属性选择器

• class 属性

class 属性允许向一组在 class 属性上具有相同值的元素应用声明。body 内的所有元素都有 class 属性。从本质上讲，可以使用 class 属性来分类元素，在样式表中创建规则来引用 class 属性的值，然后浏览器会自动将这些属性应用到该组元素。

类选择器以标志符（句点）开头，用于指示后面是哪种类型的选择器。对于类选择器，之所以选择句点是因为在很多编程语言中它与术语"类"相关联。翻译成英语，标志符表示"带有类名的元素"。

• id 属性

id 属性的操作类似于 class 属性，但有一点重要的不同之处是 id 属性的值在整篇文档中必须是唯一的。这使得 id 属性可用于设置单个元素的样式规则。包含 id 属性的选择器称为 id 选择器。

需要注意的是，id 选择器的标志符是散列符号（#）。标志符用来提醒浏览器接下来出现的是 id 值。

• style 属性

尽管在选择器中可以使用 class 和 id 属性值，style 属性实际上可以替代整个选择器机制。不是只具有一个能够在选择器中引用的值（这正是 id 和 class 具有的值），style 属性的值实际上是一个或多个 CSS 声明。

通常情况下，使用 CSS，设计者是把所有的样式规则置于一个样式表中，使该样式表位于文档顶部的 style 元素内（或在外部进行链接）。但是，使用 style 属性能够绕过样式表将声明直接放置到文档的开始标记中。

• 组合选择器类型

可以将类型选择器、id 选择器和类选择器组合成不同的选择器类型来构成更复杂的选择器。通过组合选择器，可以更加精确地处理希望赋予某种表示的元素。例如，要组合类型选择器和类选择器，一个元素必须满足两个要求：它必须是正确的类型和正确的类，以便使样式规则可以作用于它。

• 外部信息：伪类和伪元素

在 CSS1 中，样式通常是基于在 HTML 源代码中出现的标记和属性。对于很多设计情景而言这种做法是完全可行的，但是它无法实现设计者希望获得的一些常见的设计效果。

设计伪类和伪元素可以实现其中的一些效果。这两种机制扩充了 CSS 的表现能力。在 CSS1 中，使用伪类可以根据一些情况改变文档中链接的样式，如根据链接是否被访问，何时被访问以及用户和文档的交互方式来应用改变。借助于伪元素，可以更改元素的第一个字母和第一行的样式，或者添加源文档中没有出现过的元素。

伪类和伪元素都不存在于 HTML 中。也就是说，它们在 HTML 代码中是不可见的。这两种机制都得到了精心设计，使之能够在 CSS 以后的版本中做进一步地扩充；也就是说实现更多的效果。

11.3 技 术 应 用

在 HTML 文件里加一个超级链接，引入外部的 CSS 文档。这个方法最方便管理整个网站的网页风格，它让网页的文字内容与版面设计分开。只要在一个 CSS 文档内（扩展名为.CSS）定义好网页的风格，然后在网页中加一个超级链接连接到该文档，那么网页就会按照在 CSS 文档内定义好的风格显示出来。

思 考 题

1. CSS 语言特点有哪些？
2. 什么是 CSS 选择器？

第 12 章　　CSS 基本概念

12.1　CSS 语法

CSS 规则由两个主要的部分构成：选择器，以及一条或多条声明，CSS 语法如图 12-1 所示。

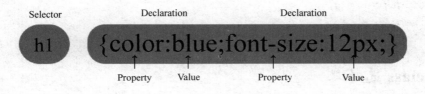

图 12-1　CSS 语法

选择器通常是需要改变样式的 HTML 元素。每条声明由一个属性和一个值组成，其中属性（property）是设置的样式属性（style attribute），每个属性有一个值。属性和值被冒号分开。

CSS 声明总是以分号（;）结束，CSS 声明以大括号（{}）括起来：

```
p {color:red;text-align:center;}
```

为了让 CSS 可读性变得更强，你可以每行只描述一个属性：

```
p
{
color:red;
text-align:center;
}
```

CSS 注释是用来解释代码，并且可以随意编辑它，而浏览器会忽略它。CSS 注释以"/*"开始，以"*/"结束，实例如下：

```
/*这是个注释*/
p
{
text-align:center;
/*这是另一个注释*/
color:black;
```

```
font-family:arial;
}
```

12.2 id 和 class 选择器

12.2.1 id 选择器

id 选择器可以为标有特定 id 的 HTML 元素指定特定的样式。HTML 元素以 id 属性来设置 id 选择器，CSS 中 id 选择器以"#"来定义。以下的样式规则应用于元素属性 id="para1"：

```
#para1
{
text-align:center;
color:red;
}
```

12.2.2 class 选择器

class 选择器用于描述一组元素的样式，class 选择器有别于 id 选择器，class 可以在多个元素中使用。class 选择器在 HTML 中以 class 属性表示，在 CSS 中，类选择器以一个点"."号显示。在以下的例子中，所有拥有 center 类的 HTML 元素均为居中。

```
.center {text-align:center;}
```

也可以指定特定的 HTML 元素使用 class。在以下实例中，所有的 p 元素使用 class="center" 让该元素的文本居中。

```
p.center {text-align:center;}
```

注意：类名的第一个字符不能使用数字！它无法在 Mozilla 或 Firefox 中起作用。

12.3 CSS 字体

CSS 字体属性定义字体，加粗，大小，文字样式。例如 serif 和 sans-serif 字体之间的区别如图 12-2 所示。

图 12-2 serif 和 sans-serif 字体之间的区别

12.3.1 CSS 字型

在 CSS 中，有两种类型的字体系列名称。
- 通用字体系列：拥有相似外观的字体系统组合（如 "Serif" 或 "Monospace"）。
- 特定字体系列：一个特定的字体系列（如 "Times" 或 "Courier"）。

两种字体具体特点如表 12-1 所示。

表 12-1 CSS 字型

Generic family	字体系列	说明
Serif	Times New Roman Georgia	Serif 字体中字符在行的末端有额外的装饰
Sans-serif	Arial Verdana	"Sans"是指无，即这些字体在末端没有额外的装饰
Monospace	Courier New Lucida Console	所有的等宽字符具有相同的宽度

12.3.2 字体系列

font-family 属性设置文本的字体系列。font-family 属性应该设置几个字体名称作为一种"后备"机制，如果浏览器不支持第一种字体，那么将尝试下一种字体。如果字体系列的名称超过一个字，则它必须用引号，如 Font Family："宋体"。多个字体系列是用一个逗号分隔指明。

```
p{font-family:"Times New Roman", Times, serif;}
```

例如代码 12-1 展示一个字体系列的事例。

代码 12-1

```
<!DOCTYPE html>
<html>
<head>
<meta charset="utf-8">
<title>Font Example</title>
<style>
p.serif{font-family:"Times New Roman",Times,serif;}
p.sansserif{font-family:Arial,Helvetica,sans-serif;}
</style>
</head>

<body>
<h1>CSS font-family</h1>
<p class="serif">这一段的字体是 Times New Roman </p>
<p class="sansserif">这一段的字体是 Arial.</p>

</body>
```

```
</html>
```

根据不同的选择器，<p>标签内部显示为不同的字体样式，字体变换效果如图 12-3 所示。

图 12-3　字体变换效果

12.3.3　字体样式

主要是用于指定斜体文字的字体样式属性。这个属性有三个值。

- 正常：正常显示文本。
- 斜体：以斜体字显示的文字。
- 倾斜的文字：文字向一边倾斜（与斜体非常类似，但不太支持）。

```
p.normal {font-style:normal;}
p.italic {font-style:italic;}
p.oblique {font-style:oblique;}
```

12.3.4　字体大小

font-size 属性设置文本的大小。能否管理文字的大小，在网页设计中是非常重要的。但是，不能通过调整字体大小使段落看上去像标题，或者使标题看上去像段落。请务必使用正确的 HTML 标签，就<h1>～<h6>表示标题和<p>表示段落：字体大小的值可以是绝对大小或相对大小。

1．绝对大小
- 设置一个指定大小的文本；
- 不允许用户在所有浏览器中改变文本大小；
- 当确定了输出的物理尺寸时，绝对大小很有用。

2．相对大小
- 相对于周围的元素来设置大小；
- 允许用户在浏览器中改变文字大小；
- 如果不指定一个字体的大小，默认大小和普通文本段落一样，是 16px（16px=1em）。

12.3.5 设置字体大小像素

设置文字的大小与像素，让您完全控制文字大小。

```
h1 {font-size:40px;}
h2 {font-size:30px;}
p {font-size:14px;}
```

上面的例子可以在 Internet Explorer 9, Firefox, Chrome, Opera 和 Safari 中通过缩放浏览器调整文本大小。虽然可以通过浏览器的缩放工具调整文本大小，但这种调整是对整个页面的调整，而不仅仅是文本。

为了避免 IE 浏览器中无法调整文本的问题，许多开发者使用 em 单位代替像素。em 的尺寸单位由 W3C 建议。1em 和当前字体大小相等。在浏览器中默认的文字大小是 16px。因此，1em 的默认大小是 16px。可以通过下面这个公式将像素转换为 em：px/16=em。

```
h1 {font-size:2.5em;}        /* 40px/16=2.5em */
h2 {font-size:1.875em;}      /* 30px/16=1.875em */
p {font-size:0.875em;}       /* 14px/16=0.875em */
```

在上面的例子，em 的文字大小是与前面的例子中像素一样。不过，如果使用 em 单位，则可以在所有浏览器中调整文本大小。不幸的是，仍然是 IE 浏览器的问题。当调整文本的大小时，文本大小会比正常的尺寸更大或更小。

12.3.6 使用百分比和 EM 组合

在所有浏览器的解决方案中，设置 <body>元素的默认字体大小的是百分比。

```
body {font-size:100%;}
h1 {font-size:2.5em;}
h2 {font-size:1.875em;}
p {font-size:0.875em;}
```

上面的代码非常有效。在所有浏览器中，可以显示相同的文本大小，并允许所有浏览器缩放文本的大小，如代码 12-2 所示。

代码 12-2

```
<!DOCTYPE html>
<html>
<head>
<meta charset="utf-8">
<title>Font Size Example</title>
<style>
body {font-size:100%;}
h1 {font-size:2.5em;}
```

CSS 基本概念

```
h2 {font-size:1.875em;}
p {font-size:0.875em;}
</style>
</head>
<body>

<h1>This is heading 1</h1>
<h2>This is heading 2</h2>
<p>This is a paragraph.</p>
<p>在所有浏览器中，可以显示相同的文本大小，并允许所有浏览器缩放文本的大小。</p>

</body>
</html>
```

字体大小通过 CSS 控制显示效果如图 12-4 所示。

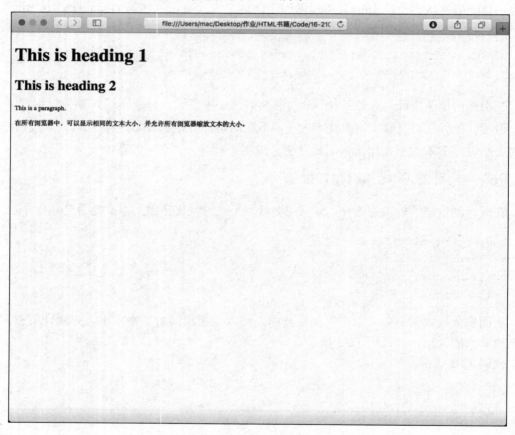

图 12-4　字体大小通过 CSS 控制显示效果

12.3.7　所有 CSS 字体属性

CSS 常见的字体属性如表 12-2 所示。

表 12-2　CSS 字体属性

Property	描述
font	在一个声明中设置所有的字体属性
font-family	指定文本的字体系列
font-size	指定文本的字体大小
font-style	指定文本的字体样式
font-variant	以小型大写字体或者正常字体显示文本
font-weight	指定字体的粗细

12.4　颜　　色

12.4.1　CSS 颜色原理

颜色是由红（red）、绿（green）、蓝（blue）光线的显示结合。CSS 中定义颜色使用十六进制（hex）表示法为红、绿、蓝的颜色值结合。可以是最低值是 0（十六进制 00）到最高值是 255（十六进制 FF）三个双位数字的十六进制值写法，以＃符号开始。颜色的表示方法如表 12-3 所示。

表 12-3　CSS 字体颜色的表示方法

Color HEX	Color RGB
#000000	rgb(0,0,0)
#FF0000	rgb(255,0,0)
#00FF00	rgb(0,255,0)
#0000FF	rgb(0,0,255)
#FFFF00	rgb(255,255,0)
#00FFFF	rgb(0,255,255)
#FF00FF	rgb(255,0,255)
#C0C0C0	rgb(192,192,192)
#FFFFFF	rgb(255,255,255)

12.4.2　1600 多万种不同的颜色

红、绿、蓝值从 0～255 的结合，给出了总额超过 1600 多万种不同的颜色（256×256×256）。现在大多数的显示器能够至少显示 16 384 种颜色。如果你看看表 12-4 所示的颜色表，你会看到从 0 到 255 不同的红灯颜色。要看到充满色彩混合时红灯从 0 到 255 变化，可单击十六进制或 RGB 值。

表 12-4　CSS 颜色表

十六进制值	RGB
#000000	rgb(0,0,0)
#080000	rgb(8,0,0)
#100000	rgb(16,0,0)
#180000	rgb(24,0,0)
#200000	rgb(32,0,0)
#280000	rgb(40,0,0)

十六进制值	RGB
#300000	rgb(48,0,0)
#380000	rgb(56,0,0)
#400000	rgb(64,0,0)
#480000	rgb(72,0,0)
#500000	rgb(80,0,0)
#580000	rgb(88,0,0)
#600000	rgb(96,0,0)
#680000	rgb(104,0,0)
#700000	rgb(112,0,0)
#780000	rgb(120,0,0)
#800000	rgb(128,0,0)
#880000	rgb(136,0,0)
#900000	rgb(144,0,0)
#980000	rgb(152,0,0)
#A00000	rgb(160,0,0)
#A80000	rgb(168,0,0)
#B00000	rgb(176,0,0)
#B80000	rgb(184,0,0)
#C00000	rgb(192,0,0)
#C80000	rgb(200,0,0)
#D00000	rgb(208,0,0)
#D80000	rgb(216,0,0)
#E00000	rgb(224,0,0)
#E80000	rgb(232,0,0)
#F00000	rgb(240,0,0)
#F80000	rgb(248,0,0)
#FF0000	rgb(255,0,0)

12.4.3　灰阶

灰阶代表了由最暗到最亮之间不同亮度的层次级别，为了可以更容易地选择合适的灰色，下面编制了灰色色调的表，如表 12-5 所示。

表 12-5　CSS 灰阶表

HEX	RGB
#000000	rgb(0,0,0)
#080808	rgb(8,8,8)
#101010	rgb(16,16,16)
#181818	rgb(24,24,24)
#202020	rgb(32,32,32)
#282828	rgb(40,40,40)
#303030	rgb(48,48,48)
#383838	rgb(56,56,56)
#404040	rgb(64,64,64)
#484848	rgb(72,72,72)

HEX	RGB
#505050	rgb(80,80,80)
#585858	rgb(88,88,88)
#606060	rgb(96,96,96)
#686868	rgb(104,104,104)
#707070	rgb(112,112,112)
#787878	rgb(120,120,120)
#808080	rgb(128,128,128)
#888888	rgb(136,136,136)
#909090	rgb(144,144,144)
#989898	rgb(152,152,152)
#A0A0A0	rgb(160,160,160)
#A8A8A8	rgb(168,168,168)
#B0B0B0	rgb(176,176,176)
#B8B8B8	rgb(184,184,184)
#C0C0C0	rgb(192,192,192)
#C8C8C8	rgb(200,200,200)
#D0D0D0	rgb(208,208,208)
#D8D8D8	rgb(216,216,216)
#E0E0E0	rgb(224,224,224)
#E8E8E8	rgb(232,232,232)
#F0F0F0	rgb(240,240,240)
#F8F8F8	rgb(248,248,248)
#FFFFFF	rgb(255,255,255)

12.5　CSS3 背景

CSS3 中包含四个新的背景属性，可以提供更大的背景元素控制。在本节中将了解以下背景属性：

- background-image；
- background-size；
- background-origin；
- background-clip。

12.5.1　浏览器支持

表格中的数字表示支持该属性的第一个浏览器版本号。紧跟在 -webkit-, -ms-或 -moz-前的数字为支持该前缀属性的第一个浏览器版本号。相关浏览器总结如表 12-6 所示。

表 12-6　CSS 浏览器支持

属性	Chrome	IE	FireFox	Safari	Opera
background-image (with multiple backgrounds)	4.0	9.0	3.6	3.1	11.5
background-size	4.0	9.0	4.0	4.1	10.5
	1.0 -webkit-		3.6 -moz-	3.0 -webkit-	10.0 -o-
background-origin	1.0	9.0	4.0	3.0	10.5
background-clip	4.0	9.0	4.0	3.0	10.5

12.5.2 属性

1．CSS3 background-image 属性

CSS3 中可以通过 background-image 属性添加背景图片。不同的背景图像和图像用逗号隔开，所有的图片中显示在最顶端的为第一张。

```
#example1 {
    background-image: url(bg.gif), url(paper.gif);
    background-position: right bottom, left top;
    background-repeat: no-repeat, repeat;
}
```

可以给不同的图片设置多个不同的属性。

```
#example1 {
    background: url(img_flwr.gif) right bottom no-repeat, url(paper.gif)
    left top repeat;
}
```

2．CSS3 background-size 属性

background-size 属性用于指定背景图像的大小。CSS3 以前，背景图像大小由图像的实际大小决定。

CSS3 中可以指定背景图片，可以重新在不同的环境中指定背景图片的大小。您可以指定像素或百分比大小，而指定的大小是相对于父元素的宽度和高度的百分比的大小。

```
div
{
    background:url(img_flwr.gif);
    background-size:80px 60px;
    background-repeat:no-repeat;
}
```

伸展背景图像完全填充内容区域。

```
div
{
    background:url(img_flwr.gif);
    background-size:100% 100%;
    background-repeat:no-repeat;
}
```

3．CSS3 的 background-Origin 属性

background-Origin 属性指定了背景图像的位置区域。content-box，padding-box 和 border-box 区域内可以放置背景图像。

在 content-box 中定位背景图片。

```
div
{
    background:url(img_flwr.gif);
    background-repeat:no-repeat;
    background-size:100% 100%;
    background-origin:content-box;
}
```

4. CSS3 background-clip 属性

CSS3 中 background-clip 背景剪裁属性是从指定位置开始绘制。

```
#example1 {
    border: 10px dotted black;
    padding: 35px;
    background: yellow;
    background-clip: content-box;
}
```

例如代码 12-3 利用不同的 background-clip 参数生成不同的显示效果。

代码 12-3

```
<!DOCTYPE html>
<html>
<head>
<meta charset="utf-8">
<title>Backgroud Example</title>
<style>
#example1 {
    border: 10px dotted black;
    padding:35px;
    background: yellow;
}

#example2 {
    border: 10px dotted black;
    padding:35px;
    background: yellow;
    background-clip: padding-box;
}

#example3 {
    border: 10px dotted black;
    padding:35px;
    background: yellow;
    background-clip: content-box;
}
</style>
</head>
<body>
```

CSS 基本概念

112

```
<p>没有背景剪裁 (border-box 没有定义):</p>
<div id="example1">
<h2>Lorem Ipsum Dolor</h2>
<p>Lorem ipsum dolor sit amet, consectetuer adipiscing elit, sed diam nonummy
nibh euismod tincidunt ut laoreet dolore magna aliquam erat volutpat.</p>
</div>

<p>background-clip: padding-box:</p>
<div id="example2">
<h2>Lorem Ipsum Dolor</h2>
<p>Lorem ipsum dolor sit amet, consectetuer adipiscing elit, sed diam nonummy
nibh euismod tincidunt ut laoreet dolore magna aliquam erat volutpat.</p>
</div>

<p>background-clip: content-box:</p>
<div id="example3">
<h2>Lorem Ipsum Dolor</h2>
<p>Lorem ipsum dolor sit amet, consectetuer adipiscing elit, sed diam nonummy
nibh euismod tincidunt ut laoreet dolore magna aliquam erat volutpat.</p>
</div>

</body>
</html>
```

background-clip 属性显示效果如图 12-5 所示。

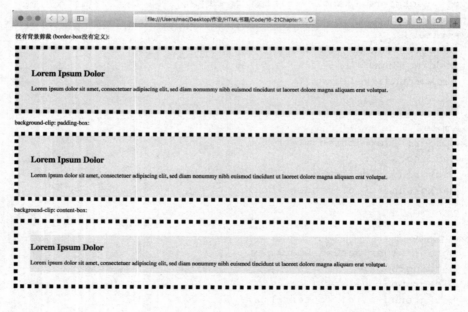

图 12-5　background-clip 属性显示效果

12.5.3　背景使用实例

　　CSS 的背景属性可以赋给大多数的 HTML 标签，最常见的是设置 DIV 的颜色。下面给出 background 通过灵活使用，配合 CSS 颜色属性的定义，来改变页面控件的颜色显示效果，见代码 12-4。

代码 12-4

```
<!DOCTYPE html>
<html>
<head>
<meta charset="utf-8">
<title>Background Example</title>
<style>
div{
    height:30px;
}

#example1 {
    background: yellow;
}

#example2 {
    background-color: red;
}

#example3 {
    background: rgba(167, 202, 141, 0.33);
}

#example4 {
    background: #f9ffbd;
}
</style>
</head>
<body>

<p>background:yellow</p>
<div id="example1">
</div>

<p>background-color: red</p>
<div id="example2">
</div>

<p>background: rgba(167, 202, 141, 0.33)</p>
```

```
<div id="example3">
</div>

<p id="example4">十六进制颜色#f9ffbd</p>
</body>
</html>
```

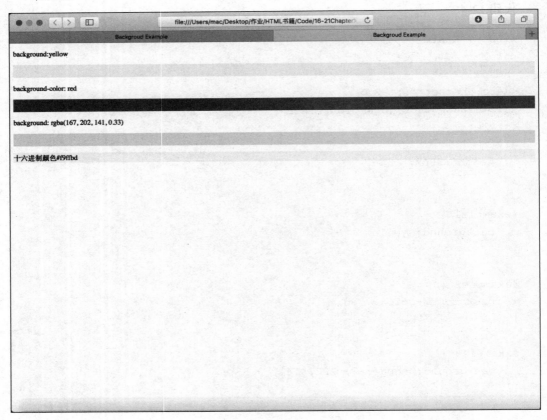

图 12-6　背景显示

通过直接设置 background，background 会自动根据设置的是颜色属性，将 background-color 属性设置为指定颜色。同时发现，可以使用颜色名称或 RGB 值，以及十六进制颜色多种方式来设置颜色。

思　考　题

1．请简单概述一下 CSS 语法规则。
2．简述 class 选择器和 id 选择器的区别。
3．如何设置 CSS 字体大小？
4．根据 CSS 知识，判断下面选项中字体大小更大的是（　　　）。
　　A．h1 {font-size:2.5em;}

B．h1 {font-size:30px;}

C．h1 {font-size:100%;}

D．无法比较

5．下列哪个 CSS 颜色是不合法的？（　　　）

A．#FF0000

B．#FFFFFF

C．rgb(0,0,0)

D．rgb(249,249,249)

6．如何实现 CSS 控制背景？

<table>
<tr><td>第 13 章</td><td># CSS 盒子模型</td></tr>
</table>

13.1　盒子模型简介

可以将所有 HTML 元素看成盒子，对于 CSS，在设计和布局时使用"box model"这一术语。CSS 盒模型本质上是一个盒子，封装周围的 HTML 元素，它包括：边距、边框、填充和实际内容。盒模型允许在其他元素和周围元素边框之间放置元素。

盒子模型（Box Model）如图 13-1 所示。

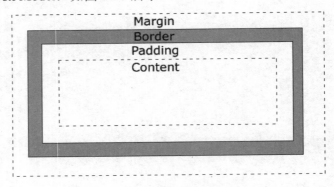

图 13-1　盒子模型

不同部分的说明。

- Margin（外边距）：清除边框外的区域，外边距是透明的。
- Border（边框）：围绕在内边距和内容外的边框。
- Padding（内边距）：清除内容周围的区域，内边距是透明的。
- Content（内容）：盒子的内容，显示文本和图像。

为了在所有浏览器中的元素的宽度和高度设置正确，你需要知道盒模型是如何工作的。

13.1.1　元素的宽度和高度

当指定一个 CSS 元素的宽度和高度属性时，只须要设置内容区域的宽度和高度。要知道，完全大小的元素，还必须添加填充、边框和边距。

下面的例子中的元素的总宽度为 300px。

```
div { width: 300px; border: 25px solid green; padding: 25px; margin: 25px; }
```

计算：300px（宽）+50px（左+右填充）+50px（左+右边框）+50px（左+右边距）= 450px。试想一下，只有 250px 的空间设置总宽度为 250px 的元素：

```
div { width: 220px; padding: 10px; border: 5px solid gray; margin: 0; }
```

最终元素的总宽度计算公式是这样的：总元素的宽度=宽度+左填充+右填充+左边框+右边框+左边距+右边距。

元素的总高度最终计算公式是这样的：总元素的高度=高度+顶部填充+底部填充+上边框+下边框+上边距+下边距。

13.1.2 浏览器的兼容性问题

一旦为页面设置了恰当的 DTD，大多数的浏览器都会按照上面的图示来呈现内容。然而 IE 5 和 IE 6 浏览器呈现的内容却是不正确的。根据 W3C 的规范，元素内容占据的空间是由 width 属性设置的，而内容周围的 padding 和 border 值是另外计算而来的。IE5.X 和 IE 6 浏览器在怪异模式中使用自己的非标准模型。这些浏览器的 width 属性不是内容的宽度，而是内容、内边距和边框的宽度的总和。

目前，虽然已有方法可以解决这个问题，但是最好的解决方案是回避这个问题。也就是，不要给元素添加具有指定宽度的内边距，而是尝试将内边距或外边距添加到元素的父元素和子元素中。

IE 8 浏览器及更早 IE 浏览器版本不支持填充的宽度和边框的宽度属性设置。要想解决 IE 8 及更早版本的浏览器不兼容问题可以在 HTML 页面声明 <!DOCTYPE html>。

为了支持盒子模型，需要进一步了解哪些属性可以构造盒子模型？

13.2　CSS 边框

13.2.1 边框样式

边框样式属性指定要显示什么样的边界。**border-style** 属性用来定义边框的样式。

- none：默认无边框。
- dotted：定义一个点线边框。
- dashed：定义一个虚线边框。
- solid：定义实线边框。
- double：定义两个边框。两个边框的宽度和 border-width 的值相同。
- groove：定义 3D 沟槽边框。效果取决于边框的颜色值。
- ridge：定义 3D 脊边框。效果取决于边框的颜色值。
- inset：定义一个 3D 的嵌入边框。效果取决于边框的颜色值。
- outset：定义一个 3D 突出边框。效果取决于边框的颜色值。

事例代码见代码 13-1。

代码 13-1

```html
<!DOCTYPE html>
<html>
<head>
<meta charset="utf-8">
<title>Border Example</title>
<style>
p.none {border-style:none;}
p.dotted {border-style:dotted;}
p.dashed {border-style:dashed;}
p.solid {border-style:solid;}
p.double {border-style:double;}
p.groove {border-style:groove;}
p.ridge {border-style:ridge;}
p.inset {border-style:inset;}
p.outset {border-style:outset;}
p.hidden {border-style:hidden;}
</style>
</head>

<body>
<p class="none">无边框。</p>
<p class="dotted">虚线边框。</p>
<p class="dashed">虚线边框。</p>
<p class="solid">实线边框。</p>
<p class="double">双边框。</p>
<p class="groove"> 凹槽边框。</p>
<p class="ridge">垄状边框。</p>
<p class="inset">嵌入边框。</p>
<p class="outset">外凸边框。</p>
<p class="hidden">隐藏边框。</p>
</body>

</html>
```

边框线显示效果如图 13-2 所示。

13.2.2 边框宽度

可以通过 border-width 属性为边框指定宽度。为边框指定宽度的方法有两种：可以指定长度值，比如 2px 或 0.1em（单位为 px、pt、cm、em 等）；或者使用三个关键字之一，它们分别是 thick、medium（默认值）和 thin。

图 13-2　边框线显示效果

注意：CSS 没有定义三个关键字的具体宽度，所以一个用户可能把 thick、medium 和 thin 分别设置为等于 5px、3px 和 2px，而另一个用户则分别设置为 3px、2px 和 1px。

```
p.one
{
    border-style:solid;
    border-width:5px;
}
p.two
{
    border-style:solid;
    border-width:medium;
}
```

13.2.3　边框颜色

border-color 属性用于设置边框的颜色。可以设置的颜色。
* name：指定颜色的名称，如 "red"。

CSS 盒子模型

- RGB：指定 RGB 值，如 "rgb(255,0,0)"。
- Hex：指定十六进制值，如 "#ff0000"。

您还可以设置边框的颜色为"transparent"。

注意：border-color 单独使用是不起作用的，必须得先使用 border-style 来设置边框样式。

```
p.one
{
    border-style:solid;
    border-color:red;
}
p.two
{
    border-style:solid;
    border-color:#98bf21;
}
```

13.2.4 边框-单独设置各边

在 CSS 中，可以对不同的侧面指定不同的边框。

```
p
{
    border-top-style:dotted;
    border-right-style:solid;
    border-bottom-style:dotted;
    border-left-style:solid;
}
```

上面的例子也可以设置一个单一属性。

```
border-style:dotted solid;
```

border-style 属性可以有 1～4 个值。

（1）border-style:dotted solid double dashed
- 上边框是 dotted；
- 右边框是 solid；
- 底边框是 double；
- 左边框是 dashed。

（2）border-style:dotted solid double
- 上边框是 dotted；
- 左、右边框是 solid；
- 底边框是 double。

（3）border-style:dotted solid

- 上、底边框是 dotted；
- 右、左边框是 solid。

（4）border-style:dotted

- 四面边框是 dotted。

上面的例子用了 border-style。然而，它也可以和 border-width、border-color 一起使用。

13.2.5　边框-简写属性

上面的例子用了很多属性来设置边框，也可以在一个属性中设置边框。可以在"border"属性中设置：

- border-width；
- border-style (required)；
- border-color。

```
border:5px solid red;
```

13.3　CSS 轮廓

轮廓（outline）是绘制于元素周围的一条线，位于边框边缘的外围，可起到突出元素的作用。轮廓属性可以指定元素轮廓的样式、颜色和宽度。CSS 轮廓见图 13-3 所示。

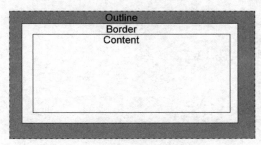

图 13-3　CSS 轮廓

13.3.1　轮廓属性

CSS 版本列表示哪个 CSS 版本定义了该属性（CSS1 或者 CSS2），CSS 轮廓属性见表 13-1。

表 13-1　CSS 轮廓属性

属性	说明	值	CSS 版本
outline	在一个声明中设置所有的轮廓属性	outline-color outline-style outline-width inherit	CSS2

CSS 盒子模型

属性	说明	值	CSS 版本
outline-color	设置轮廓的颜色	color-name hex-number rgb-number invert inherit	CSS2
outline-style	设置轮廓的样式	none dotted dashed solid double groove ridge inset outset inherit	CSS2
outline-width	设置轮廓的宽度	thin medium thick length inherit	CSS2

13.3.2 轮廓实例

轮廓（outline）实例见代码 13-2。

代码 13-2

```
<!DOCTYPE html>
<html>
<head>
<meta charset="utf-8">
<title>Border Example</title>
<style>
p.one
{
  border:1px solid red;
  outline-style:solid;
  outline-width:thin;
}
p.two
{
  border:1px solid yellow;
  outline-style:dotted;
  outline-width:3px;
}
```

122

```
</style>
</head>
<body>

<p class="one">This is some text in a paragraph.</p>
<p class="two">This is some text in a paragraph.</p>

<p><b>注意:</b> 如果只有一个 !DOCTYPE 指定 IE8 支持 outline 属性。</p>
</body>
</html>
```

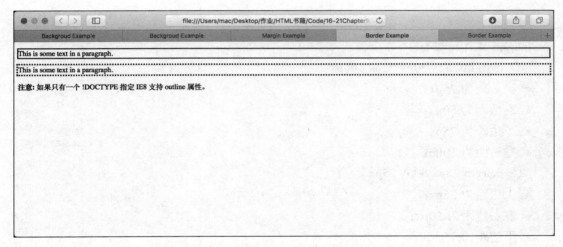

图 13-4　Border 样式效果

　　图 13-4 展示了使用 border 设置元素轮廓，同时还展示了如何设置 border 的颜色、样式等属性。

13.4　CSS margin

　　CSS margin（外边距）属性定义元素周围的空间。margin 清除周围的元素（外边框）的区域。margin 没有背景颜色，完全透明的 margin 可以单独地改变元素的上、下、左、右边距，也可以一次性地改变所有的属性。CSS margin 属性值如表 13-2 所示。

表 13-2　CSS margin 属性值

值	说明
auto	设置浏览器边距，这样做的结果会依赖于浏览器
length	定义一个固定的 margin（使用像素、pt、em 等）
%	定义一个使用百分比的边距

13.4.1　margin 单边外边距属性

　　在 CSS 中，可以对不同的侧面指定不同的边距。

CSS 盒子模型

```
margin-top:100px;
margin-bottom:100px;
margin-right:50px;
margin-left:50px;
```

13.4.2　margin 简写属性

为了缩短代码，有可能使用一个属性中 margin 指定的所有边距属性。这就是所谓的缩写属性。所有边距属性的缩写属性是"margin"。

```
margin:100px 50px;
```

margin 属性可以有 1～4 个值。

（1）margin:25px 50px 75px 100px

- 上边距为 25px；
- 右边距为 50px；
- 下边距为 75px；
- 左边距为 100px。

（2）margin:25px 50px 75px

- 上边距为 25px；
- 左右边距为 50px；
- 下边距为 75px。

（3）margin:25px 50px

- 上下边距为 25px；
- 左右边距为 50px。

（4）margin:25px

- 所有的四个边距都是 25px。

13.4.3　所有的 CSS 边距属性

所有的 CSS 边距属性如表 13-3 所示。

表 13-3　CSS 边距属性

属性	描述
margin	简写属性。在一个声明中，设置所有外边距属性
margin-bottom	设置元素的下外边距
margin-left	设置元素的左外边距
margin-right	设置元素的右外边距
margin-top	设置元素的上外边距

13.4.4　margin 样例

这个例子演示了一个使用百分比值下边距的元素，与没有设置下边距的元素作对比的效果图。详见代码 13-3，显示效果见图 13-5 所示。

代码 13-3

```
<!DOCTYPE html>
<html>
<head>
<meta charset="utf-8">
<title>Margin Example</title>
<style>
p.bottommargin {margin-bottom:25%;}
</style>
</head>
<body>

<p>这是一个没有指定边距大小的段落。</p>
<p class="bottommargin">这是一个指定下边距大小的段落。</p>
<p>这是一个没有指定边距大小的段落。</p>


</body>
</html>
```

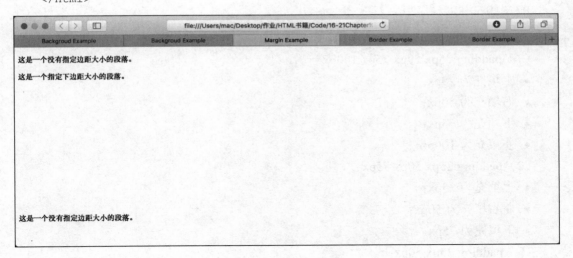

图 13-5　margin 样例

13.5　CSS padding

　　CSS padding（填充）属性定义元素边框与元素内容之间的空间。当元素的 padding（填充）（内边距）被清除时，所"释放"的区域将会受到元素背景颜色的填充。
　　单独使用填充属性可以改变上下左右的填充。缩写填充属性也可以使用，一旦改变一切都改变。

CSS 盒子模型

CSS padding 属性可能的值如表 13-4 所示。

表 13-4 CSS padding 属性

值	说明
length	定义一个固定的填充（像素、pt、em 等）
%	使用百分比值定义一个填充

13.5.1 填充单边内边距属性

在 CSS 中，它可以对不同的侧面指定不同的填充。

```
padding-top:25px;
padding-bottom:25px;
padding-right:50px;
padding-left:50px;
```

13.5.2 填充简写属性

为了缩短代码，它可以在一个属性中指定的所有填充属性，这就是所谓的缩写属性。所有的填充属性的缩写属性是"padding"。

```
padding:25px 50px;
```

padding 属性，可以有 1～4 个值。

（1）padding:25px 50px 75px 100px

- 上填充为 25px；
- 右填充为 50px；
- 下填充为 75px；
- 左填充为 100px。

（2）padding:25px 50px 75px

- 上填充为 25px；
- 左右填充为 50px；
- 下填充为 75px。

（3）padding:25px 50px

- 上下填充为 25px；
- 左右填充为 50px。

（4）padding:25px

- 所有的填充都是 25px。

13.5.3 CSS 填充属性

CSS 填充属性如表 13-5 所示。

表 13-5　CSS 填充属性

属性	说明
padding	使用缩写属性设置在一个声明中的所有填充属性
padding-bottom	设置元素的底部填充
padding-left	设置元素的左部填充
padding-right	设置元素的右部填充
padding-top	设置元素的顶部填充

13.5.4　padding 实例

　　下面的实例展示了 padding 属性对于控件显示效果的变化，代码见代码 13-4，效果如图 13-6 所示。

　　代码 13-4

```
<!DOCTYPE html>
<html>
<head>
<meta charset="utf-8">
<title>Padding Example</title>
<style>
p.ex1 {padding:2cm;}
p.ex2 {padding:0.5cm 3cm;}
p.ex3 {padding:20%;}
</style>
</head>

<body>
<p class="ex1">这个文本两边的填充边距一样。每边的填充边距为 2cm。</p>
<p class="ex2">这个文本的顶部和底部填充边距都为 0.5cm，左右的填充边距为 3cm。</p>
<p class="ex3">这个文本的赏析左右填充边距都为父容器的 50%。</p>
</body>
</html>
```

图 13-6　padding 实例

思 考 题

1. 简要说明 CSS 盒子模型。
2. CSS 有哪几种常用的边框样式？简单说明其功能。
3. CSS margin 设置为 auto 是什么含义？
4. padding:25px 50px 含义是（   ）。
    A. 上下填充为 25px，左右填充为 50px
    B. 上下填充为 50px，左右填充为 15px
    C. 上下填充为 25px
    D. 左右填充为 15px

第 14 章 | **CSS 定位**

通过上一小节讲述了盒子模型的使用，可以创造出一个个如同盒子一样的控件，控件内部的样式就完成了。显然接下来需要解决元素之间即"盒子"之间的相对位置关系，那么就要利用到 CSS 所提供的设置元素定位功能。主要通过 position、float 和 align 来完成元素间的相对定位。

14.1 position 属性

position 属性指定了元素的定位类型。position 属性的四个值：
- static；
- relative；
- fixed；
- absolute。

元素可以使用顶部、底部、左侧和右侧属性定位。然而这些属性仍无法工作，除非事先设定 position 属性。它们也有不同的工作方式，这取决于它们的定位方法。

14.1.1 static 定位

HTML 元素的默认值，即没有定位元素出现在正常的流中。静态定位的元素不会受到 top、bottom、left、right 影响。

14.1.2 fixed 定位

元素的位置相对于浏览器窗口是固定位置，即使窗口是滚动，不会移动。

```
p.pos_fixed
{
    position:fixed;
    top:30px;
    right:5px;
}
```

fixed 定位在 IE7 和 IE8 浏览器下需要描述 !DOCTYPE 才能支持。fixed 定位使元素的位置与文档流无关，因此不占据空间。fixed 定位的元素和其他元素重叠。

14.1.3 relative 定位

相对定位元素的定位是相对其正常位置。

```
h2.pos_left
{
    position:relative;
    left:-20px;
}
h2.pos_right
{
    position:relative;
    left:20px;
}
```

可以移动的相对定位元素的内容和相互重叠的元素，其原本所占的空间不会改变。

```
h2.pos_top
{
    position:relative;
    top:-50px;
}
```

相对定位元素经常被用作绝对定位元素的容器块。

14.1.4　absolute 定位

绝对定位的元素的位置是相对于最近的已定位父元素来说明，如果元素没有已定位的父元素，那么它的位置相对于<html>。

```
h2
{
    position:absolute;
    left:100px;
    top:150px;
}
```

absolute 定位使元素的位置与文档流无关，因此不占据空间。absolute 定位的元素和其他元素重叠。

14.1.5　重叠的元素

元素的定位与文档流无关，所以它们可以覆盖页面上的其他元素。z-index 属性指定了一个元素的堆叠顺序（哪个元素应该放在前面或后面）。一个元素可以有正数或负数的堆叠顺序。

```
img
{
    position:absolute;
    left:0px;
```

```
    top:0px;
    z-index:-1;
}
```

具有更高堆叠顺序的元素总是在较低的堆叠顺序元素的前面。如果两个定位元素重叠，又没有指定 z-index，那么最后定位在 HTML 代码中的元素将被显示在最前面。

14.1.6 CSS position 属性总结

所有主流的浏览器都支持 position 属性。position 属性规定元素的定位类型，影响元素框生成的方式。

CSS position 可能的值如表 14-1 所示。

表 14-1　CSS position 可能的值

值	描述
absolute	• 生成绝对定位的元素，相对于 static 定位以外的第一个父元素进行定位。如果不存在这样的父元素，则依据最初的包含块。根据用户代理的不同，最初的包含块可能是画布或 HTML 元素 • 元素的位置通过 left、top、right 以及 bottom 属性进行规定，也可以通过 z-index 进行层次分级 • 将元素框从文档流完全删除，并相对于其包含块定位。包含块可能是文档中的另一个元素或者是初始包含块。元素原先在正常文档流中所占的空间会关闭，就好像元素原来不存在一样。元素在定位后，会生成一个块级框，而不论原来它在正常流中生成何种类型的框
fixed	• 生成固定 / 绝对定位的元素，相对于浏览器窗口进行定位 • 元素的位置通过 left、top、right 以及 bottom 属性进行规定 • 元素框的表现类似于将 position 设置为 absolute，不过其包含块是视窗本身
relative	• 生成相对定位的元素，相对于其正常位置进行定位 • 因此，"left:20" 会向元素的 LEFT 位置添加 20px • 相对定位实际上被看作是普通流定位模型的一部分，因为元素的位置是相对于它在普通流中的位置。元素框偏移某个距离。元素仍保持其未定位前的形状，仍保留原本所占的空间
static	• 默认值。没有定位，元素出现在正常的流中（忽略 top、bottom、left、right 或者 z-index 声明，即上述声明无效） • 元素框正常生成。块级元素生成一个矩形框，作为文档流的一部分，行内元素则会创建一个或多个行框，置于其父元素中
inherit	• 规定应该从父元素继承 position 属性的值

CSS 定位属性允许对元素进行定位，如表 14-2 所示。

表 14-2　CSS 定位属性

属性	描述
position	把元素放置到一个静态的、相对的、绝对的或固定的位置中
top	定义了一个定位元素的上外边距边界与其包含块上边界之间的偏移
right	定义了定位元素右外边距边界与其包含块右边界之间的偏移
bottom	定义了定位元素下外边距边界与其包含块下边界之间的偏移
left	定义了定位元素左外边距边界与其包含块左边界之间的偏移
overflow	设置当元素的内容溢出其区域时发生的事情
clip	设置元素的形状。元素被剪入这个形状中，然后显示出来
vertical-align	设置元素的垂直对齐方式
z-index	设置元素的堆叠顺序

14.1.7　position 实例

实例展示利用 position 属性设置一个 div 元素，让一个<p>标签能够显示在其上方。由于其 absolute 属性值，让 div 紧贴父控件（HTML），见代码 14-1。

代码 14-1

```
<!DOCTYPE html>
<html>
<head>
<meta charset="utf-8">
<title>Position Example</title>
<style>
div
{
  background:yellow;
  position:absolute;
  left:0px;
  top:0px;
  z-index:-1;
}
</style>
</head>

<body>
<h1>This is a heading</h1>
<div width="100" height="140" />
<p>因为图像元素设置了 z-index 属性值为 -1，所以它会显示在文字之后。</p>
</body>
</html>
```

position 属性显示效果如图 14-1 所示。

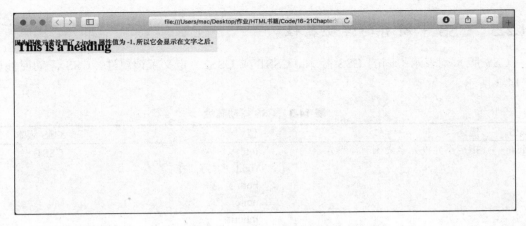

图 14-1 position 属性显示效果

14.2 float 属性

14.2.1 什么是 CSS 的 float

CSS 的 float（浮动），会使元素向左或向右移动，其周围的元素也会重新排列。float（浮动），往往用于图像，但在布局时同样具有重要作用。

14.2.2 元素浮动方式

元素的水平方向浮动，意味着元素只能左右移动而不能上下移动。一个浮动元素会尽量向左或向右移动，直到它的外边缘碰到包含框或另一个浮动框的边框为止。

浮动元素之后的元素将围绕它，浮动元素之前的元素将不会受到影响。如果图像是右浮动，下面的文本流将环绕在它左边。

```
img { float:right; }
```

14.2.3 彼此相邻的浮动元素

把几个浮动的元素放到一起，如果有空间的话，它们将彼此相邻。在这里，我们对图片廊使用 float 属性。

```
.thumbnail { float:left; width:110px; height:90px; margin:5px; }
```

14.2.4 清除浮动使用 clear

元素浮动之后，周围的元素会重新排列。为了避免这种情况，使用 clear 属性。clear 属性指定元素两侧不能出现浮动元素。使用 clear 属性向文本中添加图片廊。

```
.text_line { clear:both; }
```

14.2.5 CSS 中所有的浮动属性

CSS 版本列表示不同的 CSS 版本（CSS1 或 CSS2）定义了该属性，CSS 浮动属性如表 14-3 所示。

表 14-3 　CSS 浮动属性

属性	描述	值	CSS 版本
clear	指定不允许元素周围有浮动元素	left	CSS1
		right	
		both	
		none	
		inherit	
float	指定一个盒子（元素）是否可以浮动	left	CSS1
		right	
		none	
		inherit	

14.2.6 float 实例

下面的实例展示了如何使用 float 属性让段落的第一个文字大写，见代码 14-2。

代码 14-2

```
<!DOCTYPE html>
<html>
<head>
<meta charset="utf-8">
<title>Float Example</title>
<style>
span
{
  float:left;
  width:1.2em;
  font-size:400%;
  font-family:algerian,courier;
  line-height:80%;
}
</style>
</head>

<body>
<p>
<span>这</span>是一些文本。
这是一些文本。这是一些文本。
这是一些文本。这是一些文本。这是一些文本。
这是一些文本。这是一些文本。这是一些文本。
这是一些文本。这是一些文本。这是一些文本。
这是一些文本。这是一些文本。这是一些文本。
这是一些文本。这是一些文本。这是一些文本。
```

这是一些文本。这是一些文本。这是一些文本。
</p>

<p>
在上面的段落中，第一个字嵌入在 span 元素中。
这个 span 元素的宽度是当前字体大小的 1.2 倍。
这个 span 元素是当前字体的 400%(相当大)，line-height 为 80%。
文字的字体为"Algerian"。
</p>
</body>
</html>

```html
<!DOCTYPE html>
<html>
<head>
<meta charset="utf-8">
<title>Float Example</title>
<style>
span
{
    float:left;
    width:1.2em;
    font-size:400%;
    font-family:algerian,courier;
    line-height:80%;
}
</style>
</head>

<body>
<p>
<span>这</span>是一些文本。
这是一些文本。这是一些文本。
这是一些文本。这是一些文本。这是一些文本。
这是一些文本。这是一些文本。这是一些文本。
这是一些文本。这是一些文本。这是一些文本。
这是一些文本。这是一些文本。这是一些文本。
这是一些文本。这是一些文本。这是一些文本。
这是一些文本。这是一些文本。这是一些文本。
</p>

<p>
在上面的段落中，第一个字嵌入在 span 元素中。
这个 span 元素的宽度是当前字体大小的 1.2 倍。
这个 span 元素是当前字体的 400%(相当大)，line-height 为 80%。
文字的字体为"Algerian"。
</p>
</body>
</html>
```

代码中利用 float:left 设置其相邻的元素（span 相邻的元素为 p）左对齐，形成的 float 效果如图 14-2 所示。

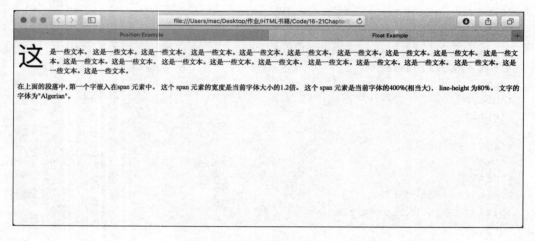

图 14-2　float 效果

14.3　align 属性

1．定义和用法

align 属性规定 div 元素中内容的水平对齐方式。

2．浏览器支持

所有的浏览器都支持 align 属性。

3．语法

```
<div align="value">
```

4．属性值

CSS align 属性值如表 14-4 所示。

表 14-4　CSS align 属性值

值	描述
left	左对齐内容
right	右对齐内容
center	居中对齐内容
justify	对行进行伸展，这样每行都可以有相等的长度（就像在报纸和杂志中）

5．实例

文档中的一个部分居中对齐。

```
<div align="center">
  This is some text!
</div>
```

思 考 题

1. CSS 有几种定位属性？
2. 什么是 CSS float 属性？它有什么功能？
3. 什么是 CSS align 属性？它有什么功能？

第 15 章　CSS3 动画及响应式

通过 CSS3 可以创建动画，这可以在许多网页中取代动画图片、Flash 动画以及 JavaScript。

15.1　什么是 CSS3 中的动画

动画是使元素从一种样式逐渐地变化为另一种样式的效果，可以改变任意多的样式和任意多的次数。请用百分比来规定变化发生的时间，或用关键词 "from" 和 "to"，等同于 0% 和 100%。0% 是动画的开始，100% 是动画的完成。为了得到最佳的浏览器支持，应始终定义 0% 和 100% 选择器。

下面的实例动画为 25% 和 50% 时改变背景色，然后当动画 100% 完成时再次改变。

```
@keyframes myfirst
{
0%   {background: red;}
25%  {background: yellow;}
50%  {background: blue;}
100% {background: green;}
}

@-moz-keyframes myfirst /* Firefox */
{
0%   {background: red;}
25%  {background: yellow;}
50%  {background: blue;}
100% {background: green;}
}

@-webkit-keyframes myfirst /* Safari 和 Chrome */
{
0%   {background: red;}
25%  {background: yellow;}
50%  {background: blue;}
100% {background: green;}
}
```

```
@-o-keyframes myfirst /* Opera */
{
0%   {background: red;}
25%  {background: yellow;}
50%  {background: blue;}
100% {background: green;}
}
```

下面给出一个可以同时改变背景色和位置的动画。

```
@keyframes myfirst
{
0%   {background: red; left:0px; top:0px;}
25%  {background: yellow; left:200px; top:0px;}
50%  {background: blue; left:200px; top:200px;}
75%  {background: green; left:0px; top:200px;}
100% {background: red; left:0px; top:0px;}
}

@-moz-keyframes myfirst /* Firefox */
{
0%   {background: red; left:0px; top:0px;}
25%  {background: yellow; left:200px; top:0px;}
50%  {background: blue; left:200px; top:200px;}
75%  {background: green; left:0px; top:200px;}
100% {background: red; left:0px; top:0px;}
}

@-webkit-keyframes myfirst /* Safari 和 Chrome */
{
0%   {background: red; left:0px; top:0px;}
25%  {background: yellow; left:200px; top:0px;}
50%  {background: blue; left:200px; top:200px;}
75%  {background: green; left:0px; top:200px;}
100% {background: red; left:0px; top:0px;}
}

@-o-keyframes myfirst /* Opera */
{
0%   {background: red; left:0px; top:0px;}
25%  {background: yellow; left:200px; top:0px;}
50%  {background: blue; left:200px; top:200px;}
```

CSS3 动画及响应式

```
75%  {background: green; left:0px; top:200px;}
100% {background: red; left:0px; top:0px;}
}
```

15.2   CSS3 的@keyframes 规则

如需在 CSS3 中创建动画，则需要学习@keyframes 规则。在 @keyframes 中规定某项 CSS 样式，就能创建由当前样式逐渐改为新样式的动画效果。

当在@keyframes 中创建动画时，请把它捆绑到某个选择器，否则将不会产生动画效果。通过至少规定以下两项 CSS3 动画属性，才可将动画绑定到选择器。

- 规定动画的名称；
- 规定动画的时长。

把 "myfirst" 动画捆绑到 div 元素，时长为 5s。

```
div
{
animation: myfirst 5s;
-moz-animation: myfirst 5s;       /* Firefox */
-webkit-animation: myfirst 5s;  /* Safari 和 Chrome */
-o-animation: myfirst 5s;         /* Opera */
}
```

注意：必须定义动画的名称和时长。如果忽略时长，则动画不会允许，因为时长的默认值是 0。

@keyframes 实例完整代码见代码 15-1。

代码 15-1

```
<!DOCTYPE html>
<html>
<head>
<style>
div
{
width:100px;
height:100px;
background:red;
animation:myfirst 5s;
-moz-animation:myfirst 5s; /* Firefox */
-webkit-animation:myfirst 5s; /* Safari and Chrome */
-o-animation:myfirst 5s; /* Opera */
}
```

```
@keyframes myfirst
{
from {background:red;}
to {background:yellow;}
}

@-moz-keyframes myfirst /* Firefox */
{
from {background:red;}
to {background:yellow;}
}

@-webkit-keyframes myfirst /* Safari and Chrome */
{
from {background:red;}
to {background:yellow;}
}

@-o-keyframes myfirst /* Opera */
{
from {background:red;}
to {background:yellow;}
}
</style>
</head>
<body>

<div></div>

<p><b>注释：</b>本例在 Internet Explorer 中无效。</p>

</body>
</html>
```

随着时间的变化，可以发现网页中的 div 元素颜色在逐渐变化。渐变效果如图 15-1～图 15-3 所示。

注释：本例在 Internet Explorer 中无效。

图 15-1　第 0s 动画

注释：本例在 Internet Explorer 中无效。

图 15-2　第 2s 动画

第 15 章

CSS3 动画及响应式

注释： 本例在 Internet Explorer 中无效。

图 15-3   第 5s 动画

15.3   CSS3 动画属性

表 15-1 列出了@keyframes 规则和所有动画属性。

表 15-1   CSS3 动画属性

属性	描述	CSS 版本
@keyframes	规定动画	CSS3
animation	所有动画属性的简写属性，除了 animation-play-state 属性	CSS3
animation-name	规定 @keyframes 动画的名称	CSS3
animation-duration	规定动画完成一个周期所消耗的时间（秒或毫秒）。默认是 0	CSS3
animation-timing-function	规定动画的速度曲线。默认是 "ease"	CSS3
animation-delay	规定动画何时开始。默认是 0	CSS3
animation-iteration-count	规定动画被播放的次数。默认是 1	CSS3
animation-direction	规定动画是否在下一周期逆向地播放。默认是 "normal"	CSS3
animation-play-state	规定动画是否正在运行或暂停。默认是 "running"	CSS3
animation-fill-mode	规定对象动画时间之外的状态	CSS3

15.4   CSS 动画实例

下面的例子运行名为 myfirst 的动画，同时使用了简写的动画 animation 属性，见代码 15-2。

代码 15-2

```
<!DOCTYPE html>
<html>
<head>
<style>
div
```

```
{
width:100px;
height:100px;
background:red;
position:relative;
animation:myfirst 5s linear 2s infinite alternate;
}

@keyframes myfirst
{
0%   {background:red; left:0px; top:0px;}
25%  {background:yellow; left:200px; top:0px;}
50%  {background:blue; left:200px; top:200px;}
75%  {background:green; left:0px; top:200px;}
100% {background:red; left:0px; top:0px;}
}

</style>
</head>
<body>

<p><b>注释: </b>本例在 Internet Explorer 中无效。</p>

<div></div>

</body>
```

可以发现，div 元素按照 myfirst 规定的运行方式展示了 CSS 动画。初始动画如图 15-4 所示，动画效果如图 15-5 所示。

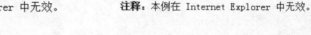

图 15-4　初始化动画　　　　　　　　　　　图 15-5　动画效果

15.5　响应式布局简介

响应式布局，是当前很流行的一个设计理念。随着移动互联网的盛行，为解决如今各式各样的浏览器分辨率以及不同移动设备具有不同的显示效果的问题，设计师提出了响应式布局的设计方案。接下来的内容包含什么是响应式布局、响应式布局的优点和缺点以及响应式布局该怎么设计（通过 CSS3 Media Query 实现响应布局）。

1．响应式布局介绍

响应式即浏览器内容会随着设备的特性自动展示为不同的网页效果的技术解决方案。简而言之，就是一个网站能够兼容多个终端，而不是为每个终端都做一个特定的版本。这个概念是为解决移动互联网浏览而提出的。

2．响应式布局的优点

面对不同分辨率设备，响应式布局具有较强的灵活性，能够快速地解决多设备的显示适应问题，根据不同的显示器，调整设计最适合用户浏览的页面。

3．响应式布局的缺点

兼容各种设备工作量大，效率低下。受代码累赘，会出现隐藏无用的元素，加载时间加长等多方面因素影响而达不到最佳效果，一定程度上改变了网站原有的布局结构，会出现用户混淆的情况。其实这是一种折中性质的设计解决方案。

4．响应式布局的运用方法

- **media query**

通过不同的媒体类型和条件，定义样式表规则。媒体查询让 CSS 可以更精确地作用于不同的媒体类型和同一媒体的不同条件。

- **语法结构及用法**

@media 设备名 only（选取条件）、not（选取条件）、and（设备选取条件），设备二{sRules}

（1）在 link 中使用@media

```
<link rel="stylesheet" href="1.css" media="screen and (min-width:1000px)">
```

（2）在样式表中内嵌@media

```
@media  screen and (min-width: 600px) {
    .one{
      border:1px solid red;
      height:100px;
      width:100px;
    }

  }
```

通过上述代码可知，它是通过@media 媒介查询判断来执行的 CSS 样式，即如果要做一个响应式布局网站，同时兼容手机、平板、PC 时，则需要写三个与之对应的 CSS 样式来实现，通过@media 媒介查询来完成响应式布局。

值得注意的是，在手机设备上，要禁止用户缩放屏幕。如果不禁止，则可能会造成显示错位，以及显示的不是手机网站的样式。因此，要通过代码来禁止用户在手机端上缩放屏幕，以达到正常的手机网站效果。

禁止代码如下：

```
<meta name="viewport" content="width=device-width; initial-scale=1.0">
```

加在头部（head）标签里。

15.6   viewpoint

1．什么是 viewport

viewport 是用户网页的可视区域。viewport 翻译成中文可以叫作"视区"。手机浏览器
是把页面放在一个虚拟的"窗口"（viewport）中，通常这个虚拟的"窗口"（viewport）比
屏幕宽，这样就不用把每个网页挤到很小的窗口中，但这样会破坏没有针对手机浏览器优
化的网页的布局，用户可以通过平移和缩放来看网页的不同部分。

2．设置 viewport

一个常用的针对移动网页优化过的页面的 viewport meta 标签大致如下：

```
<meta name="viewport" content="width=device-width, initial-scale=1.0">
```

- width：控制 viewport 的大小，可以指定的一个值。如果 600 或者特殊的值，如
  device-width 为设备的宽度（单位为缩放为 100% 时的 CSS 的像素）。
- height：与 width 相对应，指定高度。
- initial-scale：初始缩放比例，也就是当页面第一次 load 的时候缩放比例。
- maximum-scale：允许用户缩放到的最大比例。
- minimum-scale：允许用户缩放到的最小比例。
- user-scalable：用户是否可以手动缩放。

15.7   网 格 视 图

很多网页都是基于网格设计的，这说明网页是按列来布局的。使用网格视图有助于设
计网页，这让向网页添加元素变得更简单，网格视图如图 15-6 所示。

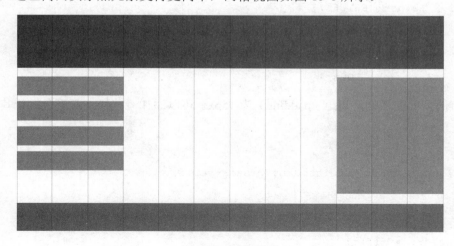

图 15-6   网格视图

响应式网格视图通常是 12 列，宽度为 100%，在浏览器窗口大小调整时会自动伸缩。

1. 创建响应式网格视图

接下来创建一个响应式网格视图。首先确保所有的 HTML 元素有 **box-sizing** 属性且设置为 **border-box**。确保边距和边框包含在元素的宽度和高度间。添加如下代码：

```
* {
    box-sizing: border-box;
}
```

以下实例演示了简单的响应式网页，包含两列。

```
.menu {
    width: 25%;
    float: left;
}
.main {
    width: 75%;
    float: left;
}
```

相对于 2 列，12 列的网格系统可以更好地控制响应式网页。首先可以计算每一列的百分比：100% / 12 列 ＝8.33%。在每列中指定 class，**class="col-"** 用于定义每列有几个 span。

```
.col-1 {width: 8.33%;}
.col-2 {width: 16.66%;}
.col-3 {width: 25%;}
.col-4 {width: 33.33%;}
.col-5 {width: 41.66%;}
.col-6 {width: 50%;}
.col-7 {width: 58.33%;}
.col-8 {width: 66.66%;}
.col-9 {width: 75%;}
.col-10 {width: 83.33%;}
.col-11 {width: 91.66%;}
.col-12 {width: 100%;}
```

所有的列向左浮动，间距（padding）为 15px。可以添加一些样式和颜色，让其变得更美观。

```
html {
    font-family: "Lucida Sans", sans-serif;
}
.header {
    background-color: #9933cc;
    color: #ffffff;
```

```
    padding: 15px;
}
.menu ul {
    list-style-type: none;
    margin: 0;
    padding: 0;
}
.menu li {
    padding: 8px;
    margin-bottom: 7px;
    background-color: #33b5e5;
    color: #ffffff;
    box-shadow: 0 1px 3px rgba(0,0,0,0.12), 0 1px 2px rgba(0,0,0,0.24);
}
.menu li:hover {
    background-color: #0099cc;
```

完整代码如代码 15-3。

代码 15-3

```
<!DOCTYPE html>
<html>
<head>
<meta name="viewport" content="width=device-width, initial-scale=1.0">
<meta charset="utf-8">
<title>响应式实例</title>
<style>
* {
    box-sizing: border-box;
}
.row:after {
    content: "";
    clear: both;
    display: block;
}
[class*="col-"] {
    float: left;
    padding: 15px;
}
.col-1 {width: 8.33%;}
.col-2 {width: 16.66%;}
.col-3 {width: 25%;}
.col-4 {width: 33.33%;}
.col-5 {width: 41.66%;}
.col-6 {width: 50%;}
.col-7 {width: 58.33%;}
```

```
.col-8 {width: 66.66%;}
.col-9 {width: 75%;}
.col-10 {width: 83.33%;}
.col-11 {width: 91.66%;}
.col-12 {width: 100%;}
html {
    font-family: "Lucida Sans", sans-serif;
}
.header {
    background-color: #9933cc;
    color: #ffffff;
    padding: 15px;
}
.menu ul {
    list-style-type: none;
    margin: 0;
    padding: 0;
}
.menu li {
    padding: 8px;
    margin-bottom: 7px;
    background-color: #33b5e5;
    color: #ffffff;
    box-shadow: 0 1px 3px rgba(0,0,0,0.12), 0 1px 2px rgba(0,0,0,0.24);
}
.menu li:hover {
    background-color: #0099cc;
}
</style>
</head>
<body>

<div class="header">
<h1>Chania</h1>
</div>

<div class="row">

<div class="col-3 menu">
<ul>
<li>The Flight</li>
<li>The City</li>
<li>The Island</li>
<li>The Food</li>
</ul>
```

```
</div>

<div class="col-9">
<h1>The City</h1>
<p>Chania is the capital of the Chania region on the island of Crete. The
city can be divided in two parts, the old town and the modern city.</p>
<p>Resize the browser window to see how the content respond to the
resizing.</p>
</div>

</div>
</body>
</html>
```

最终的响应式样例显示效果如图 15-7 所示。

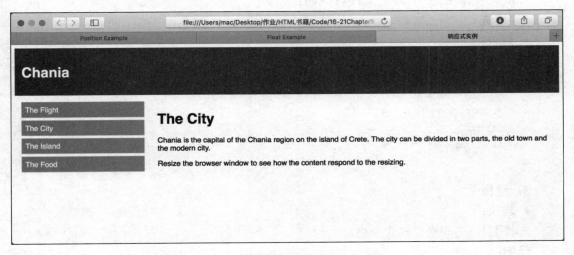

图 15-7　最终的响应式设计样例显示效果

思　考　题

1. 谈谈对 CSS3 @keyframes 的理解。
2. CSS 动画属性中 animation-play-state 有什么含义？
3. 响应式网页的优缺点是什么？
4. 什么是 viewport？

CSS3 动画及响应式

第16章 | 代 码 规 范

16.1　CSS 书写格式

1．文件

● 建议：

CSS 文件使用无 BOM 的 UTF-8 编码。

2．缩进

● 建议：

使用四个空格作为一个缩进层级，不允许使用两个空格或 tab 字符。

示例：

```
.selector {
    margin: 0;
    padding: 0;
}
```

3．空格

● 建议：

选择器与{之间必须包含空格。

示例：

```
.selector {

}
```

● 建议：

选择器与{之间必须包含空格。

示例：

```
margin: 0;
```

● 建议：

列表性属性书写在单行时，后必须跟一个空格。

示例：

```
font-family: Aria, sans-serif;
```

4. 行长度

每行不得超过 120 个字符，除非单行不可分割。

- **建议：**

对于超长的样式，在样式值的空格处或，后换行，建议按逻辑分组。

示例：

```css
/* 不同属性值按逻辑分组 */
background:
    transparent url(aVeryVeryVeryLongUrlIsPlacedHere)
    no-repeat 0 0;

/* 可重复多次的属性，每次重复一行 */
background-image:
    url(aVeryVeryVeryLongUrlIsPlacedHere)
    url(anotherVeryVeryVeryLongUrlIsPlacedHere);

/* 类似函数的属性值可以根据函数调用的缩进进行 */
background-image: -webkit-gradient(
    linear,
    left bottom,
    left top,
    color-stop(0.04, rgb(88,94,124)),
    color-stop(0.52, rgb(115,123,162))
);
```

5. 选择器

- **建议：**

当一个 rule 包含多个 selector 时，每个选择器声明必须独占一行。

示例：

```css
/* good */
.post,
.page,
.comment {
    line-height: 1.5;
}

/* bad */
.post, .page, .comment {
    line-height: 1.5;
}
```

- **建议：**

>、+、~ 选择器的两边各保留一个空格。

示例：

151

第
16
章

代码规范

```css
/* good */
main > nav {
    padding: 10px;
}

label + input {
    margin-left: 5px;
}

input:checked ~ button {
    background-color: #69C;
}

/* bad */
main>nav {
    padding: 10px;
}

label+input {
    margin-left: 5px;
}

input:checked~button {
    background-color: #69C;
}
```

● 建议：

属性选择器中的值必须加双引号。

示例：

```
css
/* good */
article[character="juliet"] {
    voice-family: "Vivien Leigh", victoria, female
}

/* bad */
article[character='juliet'] {
    voice-family: "Vivien Leigh", victoria, female
}
```

16.2　选择器与属性缩写

16.2.1　选择器

● 建议：

如无必要，不得为 id、class 选择器添加类型选择器进行限定。

解释：

在性能和维护性上，都有一定的影响。

示例：

```css
/* good */
#error,
.danger-message {
    font-color: #c00;
}

/* bad */
dialog#error,
p.danger-message {
    font-color: #c00;
}
```

- **建议：**

选择器的嵌套层级应不大于三级，位置靠后的限定条件应尽可能精确。

示例：

```
/* good */
#username input {}
.comment .avatar {}

/* bad */
.page .header .login #username input {}
.comment div * {}
```

16.2.2　属性缩写

- **建议：**

在可以使用缩写的情况下，尽量使用属性缩写。

示例：

```
/* good */
.post {
    font: 12px/1.5 arial, sans-serif;
}

/* bad */
.post {
    font-family: arial, sans-serif;
    font-size: 12px;
    line-height: 1.5;
}
```

代码规范

● 建议：

使用 border、margin、padding 等缩写时，应注意隐含值对实际数值的影响，需要设置多个方向的值时才使用缩写。

解释：

border、margin、padding 等缩写会同时设置多个属性的值，容易覆盖不需要覆盖的设定。如某些方向需要继承其他声明的值，则应该分开设置。

示例：

```css
/* centering <article class="page"> horizontally and highlight featured ones */
article {
    margin: 5px;
    border: 1px solid #999;
}


/* good */
.page {
    margin-right: auto;
    margin-left: auto;
}

.featured {
    border-color: #69c;
}

/* bad */
.page {
    margin: 5px auto; /* introducing redundancy */
}

.featured {
    border: 1px solid #69c; /* introducing redundancy */
}
```

16.2.3　空行

● 建议：

每个规则集之间保留一个空行。

示例：

```css
/* good */
.selector1 {
    display: block;
    width: 100px;
```

```
    }
    .selector2 {
        padding: 10px;
        margin: 10px auto;
    }

    /* bad */
    .selector1 {
        display: block;
        width: 100px;
    }

    .selector2 {
        padding: 10px;
        margin: 10px auto;
    }
```

16.3 值 与 单 位

16.3.1 文本

- **建议：**
文本内容必须加双引号。
解释：
文本类型的内容可能在选择器、属性值等内容中。
示例：

```
/* good */
html[lang|="zh"] q:before {
    font-family: "Microsoft YaHei", sans-serif;
    content: "“";
}

html[lang|="zh"] q:after {
    font-family: "Microsoft YaHei", sans-serif;
    content: "”";
}

/* bad */
html[lang|=zh] q:before {
    font-family: 'Microsoft YaHei', sans-serif;
    content: '"';
}
```

代码规范

```css
html[lang|=zh] q:after {
    font-family: "Microsoft YaHei", sans-serif;
    content: """;
}
```

16.3.2 数值

- **建议**：

当数值为 0～1 之间的小数时，省略整数部分的 0。

示例：

```css
/* good */
panel {
    opacity: .8
}

/* bad */
panel {
    opacity: 0.8
}
```

16.3.3 url()

- **建议**：

url() 函数中的路径不加引号。

示例：

```css
body {
    background: url(bg.png);
}
```

16.3.4 长度

- **建议**：

长度为 0 时，须省略单位（也只有长度单位可省）。

示例：

```css
/* good */
body {
    padding: 0 5px;
}

/* bad */
body {
    padding: 0px 5px;
}
```

16.3.5 颜色

- 建议：

RGB 颜色值必须使用十六进制记号形式 #rrggbb。不允许使用 rgb()。

```css
/* good */
.success {
    box-shadow: 0 0 2px rgba(0, 128, 0, .3);
    border-color: #008000;
}

/* bad */
.success {
    box-shadow: 0 0 2px rgba(0,128,0,.3);
    border-color: rgb(0, 128, 0);
}
```

- 建议：

当颜色值可以缩写时，必须使用缩写形式。

示例：

```css
/* good */
.success {
    background-color: #aca;
}

/* bad */
.success {
    background-color: #aaccaa;
}
```

- 建议：

颜色值不允许使用命名色值。

示例：

```css
/* good */
.success {
    color: #90ee90;
}

/* bad */
.success {
    color: lightgreen;
}
```

- 建议：

颜色值中的英文字符采用小写。如不用小写，也需要在同一项目内保证大小写一致。

示例：

```
/* good */
.success {
    background-color: #aca;
    color: #90ee90;
}

/* good */
.success {
    background-color: #ACA;
    color: #90EE90;
}

/* bad */
.success {
    background-color: #ACA;
    color: #90ee90;
}
```

16.3.6　2D 位置

- 建议：

必须同时给出水平和垂直方向的位置。

解释：

2D 位置初始值为 0% 0%，但在只有一个方向的值时，另一个方向的值会被解析为 center。为避免理解上的困扰，应同时给出两个方向的值。

示例：

```
/* good */
body {
    background-position: center top; /* 50% 0% */
}

/* bad */
body {
    background-position: top; /* 50% 0% */
}
```

16.4　文　本　编　排

16.4.1　字体族

- 建议：

font-family 属性中的字体族名称应使用字体的英文 Family Name，其中如有空格，须放置在引号中。

解释：

所谓英文 Family Name，为字体文件的一个元数据，字体族常见名称如表 16-1 所示。

表 16-1　字体族常见名称

字体	操作系统	**Family Name**
宋体（中易宋体）	Windows	SimSun
黑体（中易黑体）	Windows	SimHei
微软雅黑	Windows	Microsoft YaHei
微软正黑	Windows	Microsoft JhengHei
华文黑体	Mac/iOS	STHeiti
冬青黑体	Mac/iOS	Hiragino Sans GB
文泉驿正黑	Linux	WenQuanYi Zen Hei
文泉驿微米黑	Linux	WenQuanYi Micro Hei

示例：

```
h1 {
    font-family: "Microsoft YaHei";
}
```

- **建议：**

font-family 按「西文字体在前、中文字体在后」、「效果佳（质量高/更能满足需求）的字体在前、效果一般的字体在后」的顺序编写，最后必须指定一个通用字体族（serif / sans-serif）。

示例：

```
/* Display according to platform */
.article {
    font-family: Arial, sans-serif;
}

/* Specific for most platforms */
h1 {
    font-family: "Helvetica Neue", Arial, "Hiragino Sans GB", "WenQuanYi
    Micro Hei", "Microsoft YaHei", sans-serif;
}
```

- **建议：**

font-family 不区分大小写，但在同一个项目中，同一含义的 Family Name 大小写必须统一。

示例：

```
/* good */
body {
    font-family: Arial, sans-serif;
```

159

第 **16** 章

代码规范

```
    }

    h1 {
        font-family: Arial, "Microsoft YaHei", sans-serif;
    }

    /* bad */
    body {
        font-family: arial, sans-serif;
    }

    h1 {
        font-family: Arial, "Microsoft YaHei", sans-serif;
    }
```

16.4.2　字号

- 建议：

需要在 Windows 平台显示的中文内容，其字号应不小于 12px。

解释：

由于 Windows 的字体渲染机制，小于 12px 的文字显示效果极差，令人难以辨认。

16.4.3　字体风格

- 建议：

需要在 Windows 平台显示的中文内容，不要使用除 normal 外的 font-style，其他平台也应慎用。

解释：

由于中文字体没有 italic 风格的实现，所有的浏览器都会自动拟合为斜体，小字号下（特别是 Windows 平台在小字号下，使用点阵字体显示效果差，造成阅读困难。

16.4.4　变换与动画

- 建议：

使用 transition 时应指定 transition-property。

示例：

```
    /* good */
    .box {
        transition: color 1s, border-color 1s;
    }

    /* bad */
    .box {
        transition: all 1s;
    }
```

- 建议：

尽量在浏览器中能高效实现的属性上添加过渡和动画。

解释：

在可能的情况下，应选择以下四种变换：

- transform: translate(npx, npx);
- transform: scale(n);
- transform: rotate(ndeg);
- opacity: 0..1。

典型的例子，可以使用 translate 代替 left 作为动画属性。

示例：

```
/* good */
.box {
    transition: transform 1s;
}
.box:hover {
    transform: translate(20px); /* move right for 20px */
}


/* bad */
.box {
    left: 0;
    transition: left 1s;
}
.box:hover {
    left: 20px; /* move right for 20px */
}
```

16.5 CSS 注释

16.5.1 普通注释

```
/* 普通注释 */
```

16.5.2 区块注释

```
/**
 * 模块: m-detail
 * author: xxx
 * edit:   2016.5.02
 */
```

16.6 CSS 命名规范

16.6.1 命名组成

- 命名必须由单词、中画线组成。例如:.info、.news-list。
- 不推荐使用拼音作为样式名,尤其是缩写的拼音、拼音与英文的混合。
- 所有命名都使用小写,使用中画线 "-" 作为连接字符,而不是下画线 "_"。

16.6.2 命名前缀

命名前缀规范如表 16-2 所示。

表 16-2 命名前缀规范

前缀	说明	示例
g-	全局通用样式命名	g-mod
m-	模块命名方式	m-detail
ui-	组件命名方式	ui-selector
j-	所有用于纯交互的命名,不涉及任何样式规则	J-switch

不允许出现以类似.info、.current、.news 开头的选择器,例如:

```
.info{sRules;}
```

因为这样将会带来不可预知的管理麻烦以及沉重的历史包袱。对于新人可能会遭遇每定义一个样式名时都有同名的样式已存在的问题,这时只能是换样式名或者覆盖规则。因此,我们推荐这样写:

```
.m-xxx .info{sRules;}
```

所有的选择器必须是以 g-、m-、ui-等有前缀的选择符开头,即所有的规则都必须在某个相对的作用域下才可生效,尽可能地减少全局污染。J-这种级别的类名可以完全交由前端框架(JSer)自定义,但是命名的规则也可以与重构保持一致,例如不能使用拼音等。

16.7 CSS 模板使用

接下来为大家介绍响应式 Web 设计框架 Bootstrap。Bootstrap 来自 Twitter,是目前最受欢迎的前端框架。Bootstrap 是基于 HTML、CSS、JavaScript 的,它具有简洁灵活的特点,使 Web 开发变得更加快捷。

代码 16-1 提供一个简单的 Bootstrap 网站样例。

代码 16-1

```
<!DOCTYPE html>
<html lang="en">
```

```
<head>
  <title>Bootstrap Example</title>
  <meta charset="utf-8">
  <meta name="viewport" content="width=device-width, initial-scale=1">
  <link rel="stylesheet" href="https://apps.bdimg.com/libs/bootstrap/
  3.3.4/css/bootstrap.min.css">
  <script  src="https://apps.bdimg.com/libs/jquery/2.1.4/jquery.min.js">
  </script>
  <script src="https://apps.bdimg.com/libs/bootstrap/3.3.4/js/bootstrap.
  min.js"></script>
</head>
<body>

<div class="container">
  <div class="jumbotron">
    <h1>My First Bootstrap Page</h1>
    <p>Resize this responsive page to see the effect!</p>
  </div>
  <div class="row">
    <div class="col-sm-4">
      <h3>Column 1</h3>
      <p>Lorem ipsum dolor sit amet, consectetur adipisicing elit...</p>
      <p>Ut enim ad minim veniam, quis nostrud exercitation ullamco
      laboris...</p>
    </div>
    <div class="col-sm-4">
      <h3>Column 2</h3>
      <p>Lorem ipsum dolor sit amet, consectetur adipisicing elit...</p>
      <p>Ut enim ad minim veniam, quis nostrud exercitation ullamco
      laboris...</p>
    </div>
    <div class="col-sm-4">
      <h3>Column 3</h3>
      <p>Lorem ipsum dolor sit amet, consectetur adipisicing elit...</p>
      <p>Ut enim ad minim veniam, quis nostrud exercitation ullamco
      laboris...</p>
    </div>
  </div>
</div>

</body>
</html>
```

Bootstrap 网站显示效果如图 16-1 所示。可以发现在头部信息中包含了需要的 CSS 和 Script 文件，这些文件都是从服务器上获取的。值得注意的是，Bootstrap 需要与 Jquery 配

代码规范

合使用。

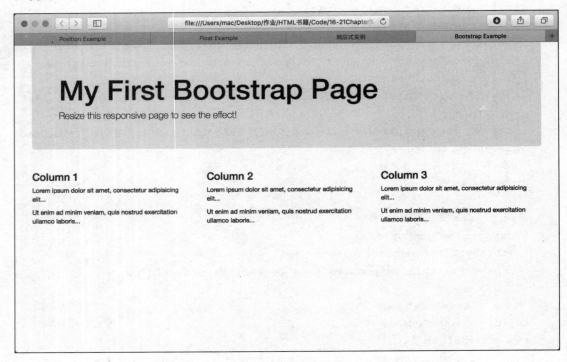

图 16-1　Bootstrap 显示效果

思　考　题

1．CSS 属性的缩写规则有哪些？
2．CSS 值与单位有什么代码规范和规定？
3．请列举几个常见的 CSS 字体族。
4．使用 CSS 模板编写一个简单网页。

本部分小结

通过对 CSS 的学习，可以用一种更为规范的方式来控制 HTML 元素的变化，并且对于前端页面的显示原理也有了深入的了解。

第 4 部分　JavaScript

前面读者已经学习到如何使用 HTML 和 CSS 搭建美观规范的网页前端，而真正给用户使用的网页一定缺少不了交互功能。JavaScript 则为前端交互提供一种最高效、最简洁的解决方案。下面的内容将会带领读者了解 JavaScript 这种脚本语言的高级功能和用法，以及如何使用 JavaScript 来控制网页的动态显示和交互功能。

第 17 章　JavaScript 介绍

第 18 章　JavaScript 的基本概念

第 19 章　常用功能

第 20 章　代码规范

第 21 章　JavaScript 样例

第 17 章　JavaScript 介绍

17.1　简　　介

JavaScript（简称 JS）是一种轻量级解释型的或是 JIT 编译型的程序设计语言，有着头等函数（First-class Function）的编程语言。虽然它是作为开发 Web 页面的脚本语言而出名的，但是在很多非浏览器环境中也可以使用 JavaScript，例如 node.js 和 Apache CouchDB。JavaScript 是一种基于原型、多范式的动态脚本语言，并且支持面向对象、命令式和声明式（如：函数式编程）编程风格。

为了更好地了解 JavaScript，需要思考以下六个问题。

- JavaScript 是什么？
- JavaScript 的用途是什么？
- JavaScript 和 ECMAScript 的关系是什么？
- JavaScript 由哪几部分组成？
- JavaScript 的执行原理是怎样的？
- 在页面文件中是如何引入 JavaScript 文件的？

对于以上六个问题我们将逐一进行分析和详解。

1．JavaScript 的含义

JavaScript 是一种 Web 前端的描述语言，也是一种基于对象（object）和事件驱动（Event Driven）的、安全性好的脚本语言。它在客户端运行从而可以减轻服务器的负担。

JavaScript 的特点：

- JavaScript 主要用来向 HTML 页面中添加交互行为；
- JavaScript 是一种脚本语言，语法和 C 语言系列语言的语法类似，属弱语言类型；
- JavaScript 一般用来编写客户端脚本，node.js 除外；
- JavaScript 是一种解释型语言，边执行边解释无须另外编译。

2．JavaScript 的用途

JavaScript 是用来解决页面交互和数据交互，其最终目的是丰富客户端效果以及实现数据的有效传递。

- 实现页面交互，提升用户体验实现页面特效。即 JavaScript 操作 HTML 的 DOM 结构或操作样式。
- 客户端表单验证是在数据送达服务端之前进行用户提交信息，即时有效的验证，从而减轻服务器压力，即数据交互。

3．JavaScript 与 ECMAScript 之间的关系

- ECMAScript 是脚本程序设计语言的 Web 标准。
- JavaScript 和 ECMAScript 的关系：

ECMAScript 是欧洲计算机制造商协会，基于美国网景通讯公司的 Netscape 发明的 JavaScript 和 Microsoft 公司随后模仿 JavaScript 推出的 JScript 脚本语言，而制定的 ECMAScript 标准。

4．JavaScript 的组成部分

JavaScript 组成如图 17-1 所示。

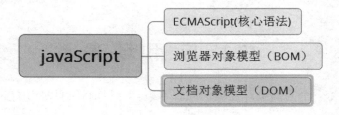

图 17-1　JavaScript 组成

5．JavaScript 的执行原理

JavaScript 的执行原理如图 17-2 所示。

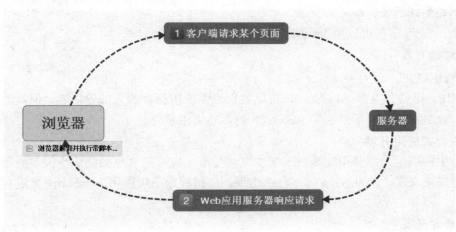

图 17-2　JavaScript 的执行原理

6．在页面文件中，如何引入 JavaScript 文件

- 使用<script>…,/script>标签。
- 使用外部 JavaScript 文件。
- 直接在<html>标签中。

使用<script>…,/script>标签的语法：

```
<script type="text/JavaScript">
    <!--
```

JavaScript 介绍

```
        //javaScript 语句;
    -->
</script>
```

使用外部 JavaScript 文件示例代码:

```
<!DOCTYPE html>
<html>
    <body>
        <script src="myScript.js"></script>
    </body>
</html>
```

17.2 应 用 场 景

JavaScript 作为一个为网页开发设计的脚本语言,目前还可以应用在众多方面。

1.网站开发

● 网站前端开发

网站前端开发是 JavaScript 的老本行,用来实现前端逻辑,例如:单击一个按钮会发生什么等,对于复杂的,可以用 JavaScript 写个 x86 模拟器再加个 Linux 系统进去。

● 网站后端开发

Node.js 让程序员可以用 JavaScript 自由地写后端了。

2.移动开发

● Web APP

HTML5 提供了很多 API 支持,可以实现原生应用拥有的大部分功能,但其性能还有待提高。像 Firefox OS 就是基于 Web APP 的移动操作系统。

● 混合式应用开发

将原生应用的一部分用前端技术来实现,使原生应用起来更加灵活,很多应用都会以这样的方式来实现。PhoneGap 等平台的出现,使得程序员可以用 JavaScript 来进行移动应用开发。

3.桌面开发

主要是指 chrome 等浏览器能把 JavaScript 写的程序打包成桌面应用。Google 力推的 Chrome OS 也是基于 Web APP 的操作系统。

4.插件开发

JavaScript 是唯一一种能够在所有主流平台都被原生支持的编程语言,因此在所有主流平台都可以使用 JavaScript 进行插件开发。常见的有浏览器插件和扩展程序,同时大部分移动应用的插件平台也都是使用 JavaScript 进行插件开发的,因为一次开发就可以保证跨平台使用。

几乎所有领域的插件都可以使用 JavaScript 进行开发,即使现在做不到,以后也会可以的。

思 考 题

1. 什么是 JavaScript？
2. JavaScript 的执行原理是什么？

JavaScript 介绍

第 18 章　JavaScript 的基本概念

18.1　变　量

18.1.1　变量定义

变量是存储信息的容器。

```
var x=2;
var y=3;
var z=x+y;
```

正如代数那样。

```
x=2
y=3
z=x+y
```

在代数中，使用字母（如 *x*）来保存值（如 2）。通过上面的表达式 *z=x+y*，能够计算出 *z* 的值为 5。在 JavaScript 中，这些字母被称为变量。

与代数一样，JavaScript 变量可用于存放值（如 *x=2*）和表达式（如 *z=x+y*）。变量可以使用短名称（如 *x* 和 *y*），也可以使用描述性更好的名称（如 age、sum、totalvolume）。

注意：
- 变量必须以字母开头；
- 变量也能以$和_符号开头（不推荐）；
- 变量名称对大小写敏感（*y* 和 *Y* 是不同的变量）。

提示： JavaScript 语句和 JavaScript 变量都对大小写敏感。

18.1.2　JavaScript 数据类型

JavaScript 变量还可以保存其他数据类型，例如文本值 (name="Bill Gates")。在 JavaScript 中，类似"Bill Gates"这样的一条文本被称为字符串。JavaScript 变量有很多种类型，但目前只关注数字和字符串。当向变量分配文本值时，应给这个值加双引号或单引号。当向变量赋的值是数值时，不要加引号。如果对数值加上引号，该值将会被作为文本来处理。

```
var pi=3.14;
```

```
var name="Bill Gates";
var answer='Yes I am!';
```

18.1.3　创建 JavaScript 变量

在 JavaScript 中，创建变量通常被称为"声明"变量。使用 var 关键词来声明变量。

```
var carname;
```

变量声明之后，该变量是空的（它没有值）。如需向变量赋值，请使用等号。

```
carname="Volvo";
```

不过，也可以在声明变量时，对其赋值。

```
var carname="Volvo";
```

在下面的例子中，创建了名为 carname 的变量，并向其赋值"Volvo"，然后将其放入 id="demo"的 HTML 段落中。

```
<p id="demo"></p>
var carname="Volvo";
document.getElementById("demo").innerHTML=carname;
```

可以在一条语句中声明很多变量。该语句以 var 开头，并使用逗号分隔变量即可。

```
var name="Gates", age=56, job="CEO";
```

声明也可横跨多行。

```
var name="Gates",
age=56,
job="CEO";
```

在计算机程序中，经常会声明无值的变量。未使用值来声明的变量，其值实际上是 undefined。在执行以下语句后，变量 carname 的值将是 undefined。

```
var carname;
```

如果重新声明 JavaScript 变量，该变量的值不会丢失。在以下两条语句执行后，变量 carname 的值依然是 "Volvo"。

```
var carname="Volvo";
var carname;
```

可以通过 JavaScript 变量来实现，使用的是"="和"+"这类的运算符。

```
y=5;
x=y+2;
```

JavaScript 的基本概念

脚本语言的变量经常需要声明，在任何一个全局位置声明的变量都是等价的，一般情况下，不要建立同名的 JavaScript 变量，在一个项目中，使用不同名字的 JavaScript 变量能充分发挥脚本语言简单快捷的优势，又避开了变量定义灵活，容易产生歧义的弱点。

18.1.4 变量作用域

- **局部 JavaScript 变量**

在 JavaScript 函数内部声明的变量（使用 var）是局部变量，所以只能在函数内部访问（该变量的作用域是局部的）。可以在不同的函数中使用相同名称的局部变量，因为只有声明过该变量的函数，才能识别出该变量。只要函数运行完毕，本地变量就会被删除。

- **全局 JavaScript 变量**

在函数外声明的变量是全局变量，网页上所有的脚本和函数都能访问它。

- **JavaScript 变量的生存期**

JavaScript 变量的生命期是从它们被声明的起始时间来算的。局部变量会在函数运行后被删除。全局变量将在页面关闭后被删除。

- **向未声明的 JavaScript 变量分配值**

如果把值赋给尚未声明的变量，则该变量将被自动作为全局变量声明。这条语句：

```
carname="Volvo";
```

声明一个全局变量 carname，即可以使其在函数内执行。

18.2 JavaScript 保留关键字

JavaScript 的保留关键字不可以用作变量、标签或者函数名。有些保留关键字是 JavaScript 以后扩展使用。了解关键字可以间接地了解 JavaScript 提供了哪些基本语法和功能，JavaScript 保留关键字如表 18-1 所示。

表 18-1 JavaScript 保留关键字

abstract	arguments	boolean	break	byte
case	catch	char	class*	const
continue	debugger	default	delete	do
double	else	enum*	eval	export*
extends*	false	final	finally	float
for	function	goto	if	implements
import*	in	instanceof	int	interface
let	long	native	new	null
package	private	protected	public	return
short	static	super*	switch	synchronized
this	throw	throws	transient	true
try	typeof	var	void	volatile
while	with	yield		

* 标记的关键字是 ECMAScript5 中新添加的。

18.3 函　　数

18.3.1　函数语法

函数是由事件驱动的，或者当它被调用时执行的可重复使用的代码块。

```
<!DOCTYPE html>
<html>
<head>
<script>
function myFunction()
{
    alert("Hello World!");
}
</script>
</head>

<body>
<button onclick="myFunction()">Try it</button>
</body>
</html>
```

函数就是包裹在大括号中的代码块，前面使用了关键词 function。

```
function functionname()
{
执行代码
}
```

当调用该函数时，会执行函数内的代码。可以在某事件发生时直接调用函数（例如当用户单击按钮时），并且可由 JavaScript 在任何位置进行调用。

JavaScript 对大小写敏感。关键词 function 必须是小写的，并且必须以与函数名称相同的大小写来调用函数。

18.3.2　调用带参数的函数

在调用函数时，可以向其传递值，这些值被称为参数。这些参数可以在函数中使用。可以发送任意数量的参数，由逗号“，”分隔。

```
myFunction(argument1,argument2)
```

当声明函数时，请把参数作为变量来声明。

```
function myFunction(var1,var2)
{
```

代码

}

变量和参数必须以一致的顺序出现。第一个变量就是第一个被传递的参数所给定的值，以此类推。

```
<p>单击这个按钮，来调用带参数的函数。</p>
<button onclick="myFunction('Harry Potter','Wizard')">单击这里</button>
<script>
function myFunction(name,job){
    alert("Welcome " + name + ", the " + job);
}
</script>
```

在按钮被单击时，上面的函数会提示 "Welcome Harry Potter, the Wizard"。函数很灵活，可以使用不同的参数来调用该函数，这样就会给出不同的消息。

```
<button onclick="myFunction('Harry Potter','Wizard')">单击这里</button>
<button onclick="myFunction('Bob','Builder')">单击这里</button>
```

根据单击按钮的不同，上面的例子会提示 "Welcome Harry Potter, the Wizard" 或 "Welcome Bob, the Builder"。

18.3.3 带有返回值的函数

有时，我们会希望函数将值返回至调用它的地方，这可以通过使用 return 语句来实现。在使用 return 语句时，函数会停止执行，并返回指定的值。

```
function myFunction()
{
    var x=5;
    return x;
}
```

上面的函数会返回值 5。

注意：整个 JavaScript 并不会停止执行，仅仅是函数。JavaScript 将继续执行代码，从调用函数的地方。函数调用将被返回值取代。

```
var myVar=myFunction();
```

myVar 变量的值是 5，即函数"myFunction()"所返回的值。即使不把它保存为变量，也可以使用返回值。

```
document.getElementById("demo").innerHTML=myFunction();
```

"demo"元素的 innerHTML 将成为 5，即函数 "myFunction()" 所返回的值。

可以使返回值基于传递到函数中的参数。

计算两个数字的乘积，并返回结果。

```javascript
function myFunction(a,b)
{
    return a*b;
}

document.getElementById("demo").innerHTML=myFunction(4,3);
```

"demo"元素的 innerHTML 将是 12。

当希望只退出函数时，也可使用 return 语句。返回值是可选的。

```javascript
function myFunction(a,b)
{
    if (a>b)
    {
        return;
    }
    x=a+b
}
```

如果 a>b，则上面的代码将退出函数，并不会计算 a 与 b 的总和。

18.3.4　函数使用样例

函数使用样例见代码 18-1。

代码 18-1

```html
<html>
  <meta charset="utf-8">
  <p>简单计算器：</p>
  <table border="1" style="position:center;">
    <tr>
      <td>第一个数：</td>
      <td><input type="text" id="first"/></td>
    </tr>
    <tr>
      <td>第二个数：</td>
      <td><input type="text" id="twice"/></td>
    </tr>
    <tr>
      <td colspan="2" >
         
        <button style="width:inherit" onclick="add()">+</button>
         
        <button style="width:inherit" onclick="subtract()">-</button>
         
```

```html
        <button style="width:inherit" onclick="ride()">*</button>
         
        <button style="width:inherit" onclick="devide()">/</button>
      </td>
    </tr>
    <tr>
      <td colspan="2" rowspan="2">
        <p id="result"></p>
      </td>
    </tr>
</table>
</html>
<script>
var result_1;
//加法
function add() {
  var a = getFirstNumber();
  var b = getSecondNumber();
  var re =Number(a)+Number(b);
  sendResult(re);
}

//减法
function subtract() {
  var a = getFirstNumber();
  var b = getSecondNumber();
  var re = a - b;
  sendResult(re);
}

//乘法
function ride() {
  var a = getFirstNumber();
  var b = getSecondNumber();
  var re = a * b;
  sendResult(re);
}

//除法
function devide() {
  var a = getFirstNumber();
  var b = getSecondNumber();
  var re = a / b;
  sendResult(re);
}
```

```
//给 p 标签传值
function sendResult(result_1) {
  var num = document.getElementById("result")
  num.innerHTML = result_1;
}

//获取第一位数字
function getFirstNumber() {
  var firstNumber = document.getElementById("first").value;
  return firstNumber;
}

//获取第二位数字
function getSecondNumber() {
  var twiceNumber = document.getElementById("twice").value;
  return twiceNumber;
}
</script>
```

代码 18-1 中，首先使用 HTML 建立基本的按钮和输入框，再使用 JavaScript 获取 HTML 元素的信息，最后通过调用函数返回加减乘除的运算结果。

执行结果如图 18-1 所示。

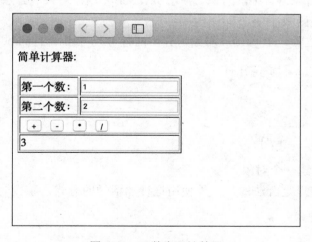

图 18-1　函数实现计算器

例如：getFirstNumber 通过调用 document 类下的 getElementById 方法获取到页面上 id="first"的元素即第一个输入框的数值。

```
function getFirstNumber() {
  var firstNumber = document.getElementById("first").value;
  return firstNumber;
}
```

JavaScript 的基本概念

例如计算加法时，通过 getFirstNumber 和 getSecondNumber 获取到两个相加的元素的值，再得到和。

```
function add() {
  var a = getFirstNumber();
  var b = getNumber();
  var re =Number( a) +Number( b);
  sendResult(re);
}
```

最后调用 sendResult 方法把界面 id="result"的元素内部的 HTML 更换为新的值。

```
function sendResult(result_1) {
  var num = document.getElementById("result")
  num.innerHTML = result_1;
}
```

18.4 对   象

18.4.1 对象创建方法

简单的对象概念在第一篇已经介绍过。此处讨论的对象是 JavaScript 较为复杂的对象，或者说是传统面向对象语言中的对象。使用 JavaScript 创建对象的方法有很多，列举如下。

1. Object 构造函数

如下面代码创建了一个 person 对象，并用两种方式打印出了 name 的属性值。

```
var person = new Object();
person.name="kevin";
person.age=31;
alert(person.name);
alert(person["name"])
```

2. 对象变量创建一个对象

person["5"]在这里是合法的，另外使用这种加括号的方式，字段之间是可以有空格的如 person["my age"]。

```
var person =
{
    name:"Kevin",
    age:31,
    5:"Test"
};
alert(person.name);
alert(person["5"]);
```

3．工厂模式创建对象

这种方式会返回带有属性和方法的 person 对象。

```
function createPerson(name,age,job)
{
    var o = new Object();
    o.name=name;
    o.age=31;
    o.sayName=function()
    {
        alert(this.name);
    };
    return o;
}
createPerson("kevin",31,"se").sayName();
```

4．自定义构造函数

这里注意命名规范，作为构造函数的函数首字母要大写，以区别其他函数。这种方式的缺陷是 sayName 这个方法的每个实例都是指向不同的函数实例，而不是同一个。

```
function Person(name,age,job)
{
    this.name=name;
    this.age=age;
    this.job=job;
    this.sayName=function()
    {
        alert(this.name);
    };
}

var person = new Person("kevin",31,"SE");
person.sayName();
```

5．原型模式

解决了方法 4 自定义构造函数中提到的缺陷，使不同的对象的函数（如 sayFriends）指向了同一个函数。但它本身也有缺陷，就是实例共享了引用类型 friends。从下面的代码执行结果可以看到，两个实例的 friends 值是一样的，这可能不是我们所期望的。

```
function Person()
{

}
Person.prototype = {
    constructor : Person,
    name:"kevin",
```

JavaScript 的基本概念

```
        age:31,
        job:"SE",
        friends:["Jams","Martin"],
        sayFriends:function()
        {
            alert(this.friends);
        }
};
var person1 = new Person();
person1.friends.push("Joe");
person1.sayFriends();//Jams,Martin,Joe
var person2 = new Person();
person2.sayFriends();//James,Martin,Joe
```

6．组合使用原型模式和构造函数

这种方法解决了原型模式中存在的缺陷，而且这也是使用最广泛、认同度最高的创建对象的方法。

```
function Person(name,age,job)
{
    this.name=name;
    this.age=age;
    this.job=job;
    this.friends=["Jams","Martin"];
}
Person.prototype.sayFriends=function()
{
    alert(this.friends);
};
var person1 = new Person("kevin",31,"SE");
var person2 = new Person("Tom",30,"SE");
person1.friends.push("Joe");
person1.sayFriends();//Jams,Martin,Joe
person2.sayFriends();//Jams,Martin
```

7．动态原型模式

这个模式的好处在于看起来更像是传统的面向对象编程，具有更好的封装性。因为在构造函数里完成了对原型创建，这也是一个推荐的创建对象的方法。

```
function Person(name,age,job)
{
    //属性
    this.name=name;
    this.age=age;
    this.job=job;
    this.friends=["Jams","Martin"];
```

```
    //方法
    if(typeof this.sayName!="function")
    {
        Person.prototype.sayName=function()
        {
            alert(this.name);
        };

        Person.prototype.sayFriends=function()
        {
            alert(this.friends);
        };
    }
}

var person = new Person("kevin",31,"SE");
person.sayName();
person.sayFriends();
```

另外还有两个创建对象的方法，寄生构造函数模式和稳妥构造函数模式。由于这两个模式不是特别常用，这里就不给出具体代码了。

介绍这么多创建对象的方法，其实真正推荐用的方法是方法 6 和方法 7。当然在真正开发过程中要根据实际需要进行选择，有时也许创建的对象根本不需要方法，也就没必要一定要选择它们了。

18.4.2　对象创建示例

代码 18-2 是通过使用方法 6（组合使用原型模式和构造函数）来实现对象的创建和打印。

代码 18-2

```
<!DOCTYPE html>
<html>
<meta charset="utf-8">
<script>

  function Person(name,age){
    this.name = name;
    this.age = age;
    this.friends = ["Jams","Martin"];

    this.sayFriends = function() {
      document.write(this.friends);
    }
  }
```

```
        Person.prototype.sayFriends = function(){

        }

        person1 = new Person("Kevin", 20);
        person2 = new Person("OldKevin",25);
        person1.friends.push("Joe");
        person1.sayFriends();
        document.write("<br>");
        person2.sayFriends();
    </script>
    </html>
```

打印结果如图 18-2 所示。

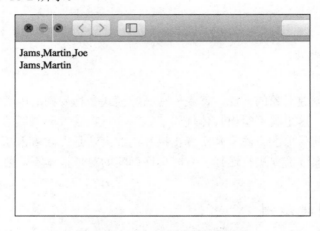

图 18-2　JavaScript 对象打印结果

18.4.3　日期对象

日期对象用于处理日期和时间。

1. 创建日期

Date 对象用于处理日期和时间。可以通过 new 关键词来定义 Date 对象。以下代码定义了名为 **myDate** 的 Date 对象。

有四种方式初始化日期。

```
new Date() // 当前日期和时间
new Date(milliseconds) //返回从 1970 年 1 月 1 日至今的毫秒数
new Date(dateString)
new Date(year, month, day, hours, minutes, seconds, milliseconds)
```

上面的参数大多数都是可选的，在未指定参数的情况下，默认参数是 0。实例化一个日期的一些例子。

```
var today = new Date()
```

```
var d1 = new Date("October 13, 1975 11:13:00")
var d2 = new Date(79,5,24)
var d3 = new Date(79,5,24,11,33,0)
```

2．设置日期

通过使用针对日期对象的方法，可以很容易地对日期进行操作。在下面的例子中，我们为日期对象设置了一个特定的日期（2010 年 1 月 14 日）。

```
var myDate=new Date();
myDate.setFullYear(2010,0,14);
```

在下面的例子中，将日期对象设置为 5 天后的日期。

```
var myDate=new Date();
myDate.setDate(myDate.getDate()+5);
```

注意：如果增加天数会改变月份或者年份，那么日期对象会自动完成这种转换。

3．两个日期比较

日期对象也可用于比较两个日期。下面的代码将当前日期与 2100 年 1 月 14 日比较：

```
var x=new Date();
x.setFullYear(2100,0,14);
var today = new Date();

if (x>today)
{
    alert("今天是 2100 年 1 月 14 日之前");
}
else
{
    alert("今天是 2100 年 1 月 14 日之后");
}
```

18.4.4 钟表示例

代码 18-3 提供一个钟表实例。
代码 18-3

```
<!DOCTYPE html>
<html>
<head>
<meta charset="utf-8">
<title>Data Clock Sample</title>
<script>
function startTime(){
```

JavaScript 的基本概念

```
    var today=new Date();
    var h=today.getHours();
    var m=today.getMinutes();
    var s=today.getSeconds();//在小于 10 的数字前加一个'0'
    m=checkTime(m);
    s=checkTime(s);
    document.getElementById('txt').innerHTML=h+":"+m+":"+s;
    t=setTimeout(function(){startTime()},500);
}
function checkTime(i){
  if (i<10){
    i="0" + i;
  }
  return i;
}
</script>
</head>
<body onload="startTime()">

<div id="txt"></div>

</body>
</html>
<!DOCTYPE html>
<html>
<head>
<meta charset="utf-8">
<title>Data Clock Sample</title>
<script>
function startTime(){
  var today=new Date();
  var h=today.getHours();
  var m=today.getMinutes();
  var s=today.getSeconds();//在小于 10 的数字前加一个'0'
  m=checkTime(m);
  s=checkTime(s);
  document.getElementById('txt').innerHTML=h+":"+m+":"+s;
  t=setTimeout(function(){startTime()},500);
}
function checkTime(i){
  if (i<10){
    i="0" + i;
  }
  return i;
}
```

```
</script>
</head>
<body onload="startTime()">

<div id="txt"></div>

</body>
</html>
```

上面通过 Date 对象获取到了当前时间，同时调用 Date 对象的 getHours、getMinutes、getSeconds 方法获取到了时间的时分秒。

最后使用 setTimeout 方法设置一个计时器，每隔 500ms 调用一次 startTime，实现界面的更新。

```
t=setTimeout(function(){startTime()},500);
```

最后结果如图 18-3 所示。

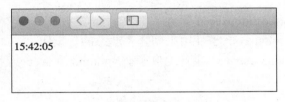

图 18-3　钟表示例

18.5　事　件

18.5.1　基本概念

JavaScript 可以创建动态页面，而事件是可以被 JavaScript 侦测到的行为。网页中的每个元素都能产生某些可以触发 JavaScript 函数的事件。例如，在用户单击某按钮时产生一个 onclick 事件来触发某个函数。事件在 HTML 页面中定义。

例如单击页面或图像载入，鼠标悬浮于页面的某个热点之上，在表单中选取输入框，确认表单，键盘按键等，这些用户行为都是事件。通过控制这些事件，来决定用户的行为能够产生怎样的反馈效果。

18.5.2　事件分类

1. onload 和 onunload 事件

当用户进入或离开页面时就会触发 onload 和 onunload 事件。onload 事件常用来检测访问者的浏览器类型和版本，然后根据这些信息载入特定版本的网页。

onload 和 onunload 事件也常被用来处理用户进入或离开页面时所建立的 cookies。例如，当某用户第一次进入页面时，可以使用消息框来询问用户的姓名，姓名会保存在 cookie

JavaScript 的基本概念

中。当用户再次进入这个页面时，可以使用另一个消息框来和这个用户打招呼："Welcome John Doe!"。

2．onfocus、onblur 和 onchange 事件

onfocus、onblur 和 onchange 事件通常相互配合用来验证表单。

下面是一个使用 onchange 事件的例子。用户一旦改变了域的内容，checkEmail() 函数就会被调用。

```
<inputtype="text"size="30"id="email"onchange="checkEmail()">
```

3．onsubmit 事件

onsubmit 用于提交表单之前验证所有的表单域。

下面是一个使用 onsubmit 事件的例子。当用户单击表单中的确认按钮时，checkForm() 函数就会被调用。假若域的值无效，此次提交就会被取消。checkForm() 函数的返回值是 true 或者 false。如果返回值为 true，则提交表单，反之取消提交。

```
<formmethod="post"action="xxx.htm"onsubmit="returncheckForm()">
```

4．onmouseover 和 onmouseout 事件

onmouseover 和 onmouseout 事件用来创建"动态的"按钮。

下面是一个使用 onmouseover 事件的例子。当 onmouseover 事件被脚本侦测到时，就会弹出一个警告框。

```
<a href=""onmouseover="alert('AnonMouseOverevent');returnfalse">
<imgsrc=""width="100"height="30">
</a>
```

5．常见事件

JavaScript 常见事件如表 18-2 所示。

表 18-2　JavaScript 常见事件

属性	当以下情况发生时，出现此事件
onabort	图像加载被中断
onblur	元素失去焦点
onchange	用户改变域的内容
onclick	单击某个对象
ondblclick	双击某个对象
onerror	当加载文档或图像时发生某个错误
onfocus	元素获得焦点
onkeydown	某个键盘的键被按下
onkeypress	某个键盘的键被按下或按住
onkeyup	某个键盘的键被松开
onload	某个页面或图像被完成加载
onmousedown	某个鼠标按键被按下
onmousemove	鼠标被移动
onmouseout	鼠标从某元素移开

属性	当以下情况发生时，出现此事件
onmouseover	鼠标被移到某元素之上
onmouseup	某个鼠标按键被松开
onreset	重置按钮被单击
onresize	窗口或框架被调整尺寸
onselect	文本被选定
onsubmit	提交按钮被单击
onunload	用户退出页面

18.5.3 事件示例

代码 18-4 通过将 button 的 onclick 事件绑定显示时间的函数，来实现时间的显示功能。

代码 18-4

```
<!DOCTYPE html>
<html>
<head>
<meta charset="utf-8">
<title>菜鸟教程(runoob.com)</title>
</head>
<body>

<p>单击按钮执行 <em>displayDate()</em> 函数.</p>
<button onclick="displayDate()">点这里</button>
<script>
function displayDate(){
    document.getElementById("demo").innerHTML=Date();
}
</script>
<p id="demo"></p>

</body>
</html>
```

时间显示功能效果如图 18-4 所示。

图 18-4　时间显示功能效果

JavaScript 的基本概念

思 考 题

1. 下面哪项 JavaScript 变量定义是非法的？（ 　　 ）

    A．var x = 2;

    B．var pi = 3.1415;

    C．var str = "Hello"

    D．var z = z + 1

2. JavaScript 局部变量和全局变量的区别是什么？

3. JavaScript 如何调用带参的函数？

4. JavaScript 有哪几种对象创建方法？

5. 什么是 JavaScript 事件？

第 19 章　常 用 功 能

19.1　数　　　组

在程序语言中数组的重要性不言而喻。在 JavaScript 中，数组也是最常使用的对象之一，数组是值的有序集合，由于弱类型的原因，JavaScript 中数组十分灵活、强大，不像 Java 等强类型高级语言数组只能存放同一类型或其子类型元素。JavaScript 在同一个数组中可以存放多种类型的元素，而且其长度也是可以动态调整的，可以随着数据的增加或减少自动地对数组长度做出更改。

19.1.1　创建数组

1. 构造函数

无参构造函数，创建一空数组。

```
var a1=new Array();
```

一个数字参数构造函数，指定数组长度（由于数组长度可以动态调整，作用并不大）。

创建指定长度的数组。

```
var a2=new Array(5);
```

带有初始化数据的构造函数，创建数组并初始化参数数据。

```
var a3=new Array(4,'hello',new Date());
```

2. 字面量

使用中括号，创建空数组，等同于调用无参构造函数。

```
var a4=[];
```

使用中括号，并传入初始化数据，等同于调用带有初始化数据的构造函数。

```
var a5=[10];
```

3. 注意点

在使用构造函数创建数组时如果传入一个数字参数，则会创建一个长度为参数的数组，如果传入多个，则创建一个数组，参数将作为初始化数据加到数组中。

```
var a1=new Array(5);
```

```
console.log(a1.length);        //5
console.log(a1);               //[],数组是空的

var a2=new Array(5,6);
console.log(a2.length);        //2
```

但是使用字面量方式，无论传入几个参数，都会把参数当作初始化内容。

```
var a1=[5];
console.log(a1.length);        //1
console.log(a1);               //[5]

var a2=[5,6];
console.log(a2.length);        //2
console.log(a2);               //[5,6]
```

使用带初始化参数的方式创建数组时，最好在末尾不要带多余的"，"。在不同的浏览器下，对此的处理方式是不一样的。

```
var a1=[1,2,3,];
console.log(a1.length);
console.log(a1);
```

这段脚本在现代浏览器上的运行结果和当初设想的一样，长度都是 3，但是在低版本 IE 浏览器下确实长度为 4 的数组，最后一条数据是 undefined。

19.1.2　数组的索引与长度

数组的值可以通过自然数索引访问来进行读写操作，下标也可以是一个得出非负整数的变量或表达式。

```
var a1=[1,2,3,4];
console.log(a1[0]);            //1
var i=1;
console.log(a1[i]);           //2
console.log(a1[++i]);         //3
```

数组也是对象，可以使用索引的奥秘在于，数组会把索引值转换为对应字符串（1 会被视为"1"）作为对象属性名。

```
console.log(1 in a1);         //true，确实是一个属性
```

索引特殊性在于数组会自动更新 length 属性，当然因为 JavaScript 语法规定数字不能作为变量名，所以不能使用 array.1 这样的格式来访问数组。由此可见，其实负数甚至非数字"索引"都是允许的，只不过这些会变成数组的属性，而不是索引。数组索引示例（一）如图 19-1 所示。

```
var a=new Array(1,2,3);
```

```
a[-10]="a[-10]";
a["sss"]="sss";
```

这样可以看出所有的索引都是属性名，但只有自然数（有最大值）才是索引。因此，一般在使用数组时，不会出现数组越界错误。数组的索引可以是不连续的，访问 index 不存在的元素时返回 undefined。数组索引示例如图 19-2 所示。

```
var a=new Array(1,2,3);
a[100]=100;
console.log(a.length);      //101
console.log(a[3]);          //undefined
console.log(a[99]);         //undefined
console.log(a[100]); 100
```

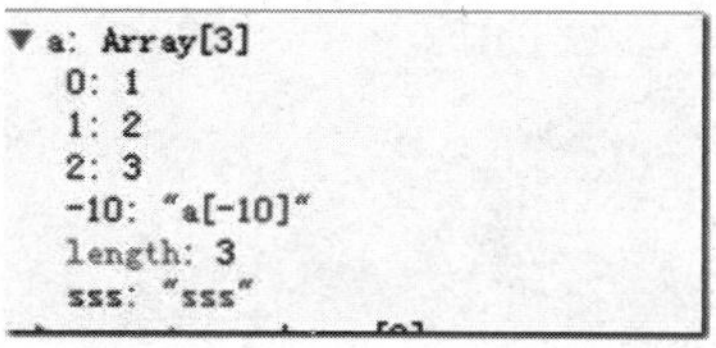

```
▼ a: Array[3]
    0: 1
    1: 2
    2: 3
    -10: "a[-10]"
    length: 3
    sss: "sss"
```

```
▼ a: Array[101]
    0: 1
    1: 2
    2: 3
    100: 100
    length: 101
  ▶ __proto__: Array[0]
```

图 19-1　数组索引示例（一） 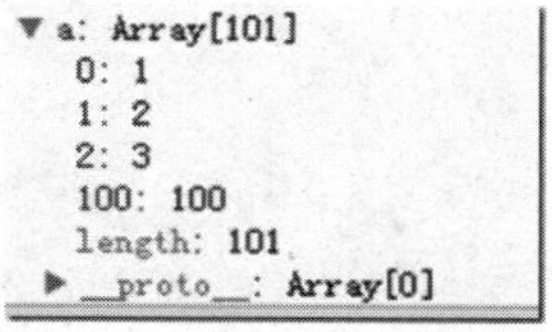　　　图 19-2　数组索引示例

在上面的例子中，虽然直接对 a[100]赋值不会影响 a[4]或 a[99]，但数组的长度却会受到影响。数组 length 属性等于数组中最大的 index+1。知道数组的 length 属性同样是个可写的属性，当把数组的 length 属性值强制地设置为小于或等于最大 index 值时，数组会自动删除 index 大于或等于 length 的数据，在刚才代码中追加几句。

```
a.length=2
        console.log(a);    //[1,2]
```

这时会发现 a[2]和 a[100]被自动删除了，同理，如果把 length 设置为大于最大 index+1 的值时，数组也会自动扩张，但是不会为数组添加新元素，只是在尾部追加空间。

```
a.length=5;
        console.log(a);    //[1,2] //后面没有 3 个 undefined
```

19.1.3　元素添加/删除

1. 基本方法
上面例子已经用了向数组内添加元素的方法，直接使用索引就可以（index 没必要连续）。

```
var a=new Array(1,2,3);
a[3]=4;
console.log(a);              //[1, 2, 3, 4]
```

前面提到数组也是对象，索引只是特殊的属性，所以可以通过删除对象属性的方法，即使用 delete 删除数组元素。

```
delete a[2];
console.log(a[2]); //undefined
```

这样和直接把 a[2] 赋值为 undefined 类似，不会改变数组长度，也不会改变其他数据的 index 和 value 对应关系。数组增删如图 19-3 所示。

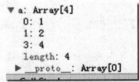

2. 栈方法

不难发现，在上面例子中，其删除方法，并不是希望的表现形式。很多时候，希望在删除中间一个元素后，后面元素的 index 都会自动减一，同时数组 length 减一，就好像在一个堆栈中拿去其中的一个。数组已经帮我们做好了这种操作方式，pop 和 push 能够让我们像堆栈那样，先入后出地使用数组。

图 19-3　数组增删

```
var a=new Array(1,2,3);
a.push(4);
console.log(a);             //[1, 2, 3, 4]
console.log(a.length);      //4
console.log(a.pop(a));      //4
console.log(a);             //[1, 2, 3]
console.log(a.length);      //3
```

3. 队列方法

既然栈方法都实现了，先入先出的队列怎么能少？shift 方法可以删除数组 index 最小元素，并使后面元素 index 都减一，length 也减一。这样使用 shift/push 就可以模拟队列了，当然与 shift 方法对应的有一个 unshift 方法，它用于向数组头部添加一个元素。

```
var a=new Array(1,2,3);
a.unshift(4);
console.log(a);             //[4, 1, 2, 3]
console.log(a.length);      //4
console.log(a.shift(a));    //4
console.log(a);             //[1, 2, 3]
console.log(a.length);      //3
```

4. 最佳方案

JavaScript 提供了一个 splice 方法用于一次性地解决数组添加、删除（这两种方法一结合就可以达到替换效果）。splice 方法有三个参数：

- 开始索引；
- 删除元素的位移；
- 插入的新元素，当然也可以写多个。

splice 方法可以返回一个由删除元素组成的新数组。如果没有删除，则返回空数组。

```
var a=new Array(1,2,3,4,5);
```

通过指定前两个参数，可以使用 splice 删除数组元素，同样会带来索引调整及 length

调整。

```
var a=new Array(1,2,3,4,5);
console.log(a.splice(1,3));        //[2, 3, 4]
console.log(a.length);             //2
console.log(a);                    //[1,5]
```

如果数组索引不是从 0 开始的，那么结果将会很有意思，有一这样的数组，非 0 开始数组如图 19-4 所示。

```
var a=new Array();
a[2]=2;
a[3]=3;
a[7]=4;
a[8]=5;
console.log(a.splice(3,4));        //[3]
console.log(a.length);             //5
console.log(a);                    //[2: 2, 3: 4, 4: 5]
```

slice 操作后的结果如图 19-5 所示，splice 的第一个参数是绝对索引值，而不是相对于数组索引；第二个参数并不是删除元素的个数，而是删除动作执行的次数，它并不是按数组实际索引移动，而是连续移动。同时调整后面元素索引，前面索引不理会。

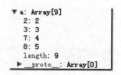 

图 19-4　非 0 开始数组　　　图 19-5　slice 操作后的结果

要实现插入与替换，只要将方法中的第二个参数，即删除动作执行的次数设为 0，第三个参数及以后填写要插入内容，再调用 splice 方法就能执行插入操作。反之，如果第二个参数不为 0，则变成了先在该位置删除再插入，也就是替换效果。

```
a.splice(1,0,9,99,999);
console.log(a.length);             //8
console.log(a);                    //[1, 9, 99, 999, 2, 3, 4, 5]
a.splice(1,3,8,88,888);
console.log(a.length);             //8
console.log(a);                    //[1, 8, 88, 888, 2, 3, 4, 5]
```

19.1.4　常用方法

1．join(char)

这个方法在 C#等语言中也有，其作用是把数组元素（对象调用其 toString()方法），通过使用参数作为连接符，连接成一字符串。

```
var a=new Array(1,2,3,4,5);
```

```
console.log(a.join(','));          //1,2,3,4,5
console.log(a.join(' '));          //1 2 3 4 5
```

2．slice(start,end)

不要和 splice 方法混淆，slice 方法是用于返回数组中一个片段或子数组。如果只写一个参数，则返回参数到数组结束部分；如果参数出现负数，则从数组尾部计数（−3 的意思是数组倒数第三个，一般人不会这么做，但是在不知道数组长度的情况下，在想舍弃后 *n* 个的时候是有些用的，不过数组长度很好知道，这是一个很纠结的用法）；如果 start 大于 end 返回空数组，值得注意的一点是 slice 不会改变原数组，而是返回一个新的数组。

```
var a=new Array(1,2,3,4,5);
console.log(a);                    //[1, 2, 3, 4, 5]
console.log(a.slice(1,2));         //2
console.log(a.slice(1,-1));        //[2, 3, 4]
console.log(a.slice(3,2));         //[]
console.log(a);                    //[1, 2, 3, 4, 5]
```

3．concat(array)

concat 方法是用于拼接数组，a.concat(b)返回一个 a 和 b 共同组成的新数组，同样不会修改任何一个原始数组，也不会递归连接数组内部的数组。

```
var a=new Array(1,2,3,4,5);
var b=new Array(6,7,8,9);
console.log(a.concat(b));          //[1, 2, 3, 4, 5, 6, 7, 8, 9]
console.log(a);                    //[1, 2, 3, 4, 5]
console.log(b);                    //[6, 7, 8, 9]
```

4．reverse()

reverse()方法是用于将数组逆序，与之前不同的是它会修改原数组。

```
var a=new Array(1,2,3,4,5);
a.reverse();
console.log(a); //[5, 4, 3, 2, 1]
```

同样，当数组索引不是连续或以 0 开始，这时需要注意结果。reverse 前的数组内容如图 19-6 所示。

```
var a=new Array();
a[2]=2;
a[3]=3;
a[7]=4;
a[8]=5;
a.reverse();
```

reverse 后的数组内容如图 19-7 所示。

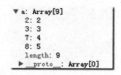
图 19-6　reverse 前的数组内容

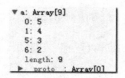
图 19-7　reverse 后的数组内容

5．sort

sort 方法用于对数组进行排序，当没有参数时，会按字母表升序排序。如果含有 undefined，则会被排到最后面，而对象元素会调用其 toString 方法；如果想按照自己定义的方式排序，则可以传一个排序方法进去，这是一个很典型的策略模式，同样 sort 会改变原数组。

```
var a=new Array(5,4,3,2,1);
a.sort();
console.log(a);      //[1, 2, 3, 4, 5]
```

但是因为按照字母表排序，7 就比 10 大了。

```
var a=new Array(7,8,9,10,11);
a.sort();
console.log(a);      //[10, 11, 7, 8, 9]
```

这时候我们需要传入自定义排序函数。

```
var a=new Array(7,8,9,10,11);
a.sort(function(v1,v2){
    return v1-v2;
});
console.log(a);      //[7, 8, 9, 10, 11]
```

JavaScript 的数组既强大又灵活，但是在遍历元素和获取元素位置等情况下也有一定的不便。这些在 ECMAScript 中已经得到解决，熟练地使用 ECMAScript 可以让 JavaScript 变得更加优雅而高效。

19.2　Date

19.2.1　Date 对象简介

Date（日期）对象是 JavaScript 中经常使用的对象。通过 Date 对象可以方便地建立时间上的复杂逻辑关系，同时也可以用它来处理一些简单的、与事件相关的任务。

例如下面提供四个简单的实例。

（1）将一个字符串转换为 Date 对象的写法。

```
var str = "2012-12-12";
var date = new Date(str);     //字符串转换为 Date 对象
```

```
document.write(date.getFullYear());     //输出年份
```

（2）Date.getDate()　　　返回是日期对象中某月的日期（几号）。

```
var date = new Date();
document.write(date.getDate());
```

（3）Date.getDay()　　　返回日期对象中的星期几。

```
var date = new Date();
document.write(date.getDay());
```

（4）Date.getFulYear()　　　返回年份。

```
var date = new Date();
document.write(date.getFullYear());
```

19.2.2　Date 对象常见方法

Date 对象常见方法如表 19-1 所示。

表 19-1　Date 对象常见方法

方法	描述
Date()	返回当日的日期和时间
getDate()	从 Date 对象返回一个月中的某一天（1～31）
getDay()	从 Date 对象返回一周中的某一天（0～6）
getMonth()	从 Date 对象返回月份（0～11）
getFullYear()	从 Date 对象以四位数字返回年份
getYear()	请使用 getFullYear()方法代替
getHours()	返回 Date 对象的小时（0～23）
getMinutes()	返回 Date 对象的分钟（0～59）
getSeconds()	返回 Date 对象的秒数（0～59）
getMilliseconds()	返回 Date 对象的毫秒（0～999）
getTime()	返回 1970 年 1 月 1 日至今的毫秒数
getTimezoneOffset()	返回本地时间与格林尼治标准时间（GMT）的分钟差
getUTCDate()	根据世界时从 Date 对象返回月中的一天（1～31）
getUTCDay()	根据世界时从 Date 对象返回周中的一天（0～6）
getUTCMonth()	根据世界时从 Date 对象返回月份（0～11）
getUTCFullYear()	根据世界时从 Date 对象返回四位数的年份
getUTCHours()	根据世界时返回 Date 对象的小时（0～23）
getUTCMinutes()	根据世界时返回 Date 对象的分钟（0～59）
getUTCSeconds()	根据世界时返回 Date 对象的秒钟（0～59）
getUTCMilliseconds()	根据世界时返回 Date 对象的毫秒（0～999）
parse()	返回 1970 年 1 月 1 日午夜到指定日期（字符串）的毫秒数
setDate()	设置 Date 对象中月的某一天（1～31）
setMonth()	设置 Date 对象中月份（0～11）
setFullYear()	设置 Date 对象中的年份（四位数字）
setYear()	请使用 setFullYear()方法代替

方法	描述
setHours()	设置 Date 对象中的小时（0～23）
setMinutes()	设置 Date 对象中的分钟（0～59）
setSeconds()	设置 Date 对象中的秒钟（0～59）
setMilliseconds()	设置 Date 对象中的毫秒（0～999）
setTime()	以毫秒设置 Date 对象
setUTCDate()	根据世界时设置 Date 对象中月份的一天（1～31）
setUTCMonth()	根据世界时设置 Date 对象中的月份（0～11）
setUTCFullYear()	根据世界时设置 Date 对象中的年份（四位数字）
setUTCHours()	根据世界时设置 Date 对象中的小时（0～23）
setUTCMinutes()	根据世界时设置 Date 对象中的分钟（0～59）
setUTCSeconds()	根据世界时设置 Date 对象中的秒钟（0～59）
setUTCMilliseconds()	根据世界时设置 Date 对象中的毫秒（0～999）
toSource()	返回该对象的源代码
toString()	把 Date 对象转换为字符串
toTimeString()	把 Date 对象的时间部分转换为字符串
toDateString()	把 Date 对象的日期部分转换为字符串
toGMTString()	请使用 toUTCString()方法代替
toUTCString()	根据世界时，把 Date 对象转换为字符串
toLocaleString()	根据本地时间格式，把 Date 对象转换为字符串
toLocaleTimeString()	根据本地时间格式，把 Date 对象的时间部分转换为字符串
toLocaleDateString()	根据本地时间格式，把 Date 对象的日期部分转换为字符串
UTC()	根据世界时返回 1970 年 1 月 1 日到指定日期的毫秒数
valueOf()	返回 Date 对象的原始值

19.3　表　　单

JavaScript 的表单功能主要是通过 HTMLFormElement 来体现。HTMLFormElement 继承了 HTMLElement，有其独有的属性和方法。

- acceptCharset：服务器能够处理的字符集，等价于 HTML 的 accept-charset 特性。
- action：接收请求的 URL，等价于 HTML 中的 action 特性。
- elements：表单中所有控件的集合（HTMLCollection）。
- enctype：请求的编码类型。
- length：表单中控件的数量。
- method：要发送的 HTTP 请求类型，通常是 get 或 post。
- name：表单的名称。
- reset()：将所有表单域重置为默认值。
- submit()：提交表单。
- target：用于发送请求和接收响应的窗口名称。

取得 form 元素的引用可以是 getElementById，也可以是 document.forms 中数值索引或 name 值。

19.3.1 提交表单

提交表单的按钮有三种。

```
<input type="submit" value="Submit Form">
<button type="submint">Submit Form</button>
<input type="image" src="">
```

以上面的这种方法提交表单时，会在浏览器请求发送给服务器之前触发 submit 事件，这样就可以验证表单数据以及决定是否允许提交表单，如下面的代码就可以阻止表单的提交。

```
var form = document.getElementById("myForm");
form.addEventListener("submit", function() {
  event.preventDefault();
});
```

另外也可以通过 JavaScript 脚本调用 submit()方法提交表单，在调用 submit()提交表单时，不会触发 submit 事件。

```
var form = document.getElementById("myForm");
form.submit();
```

在第一次提交表单后，如果长时间没有回应，用户则会变得不耐烦，往往会多次单击提交按钮，从而造成重复提交表单的情况。因此应该在第一次提交表单后，就禁用提交按钮或利用 onsubmit 事件阻止后续操作。

```
var submitBtn = document.getElementById("submitBtn");
submitBtn.onclick = function() {
  //处理表格和提交等
  submitBtn.disabled = true;
};
```

19.3.2 重置表单

重置表单应该使用 input 或 button。

```
<input type="reset" value="Reset Form">
<button type="reset">Reset Form</button>
```

当用户单击重置按钮来重置表单时，会触发 reset 事件，可以在必要的时候取消重置操作。

```
var resetBtn = document.getElementById("resetBtn");
resetBtn.addEventListener("reset", function() {
  event.preventDefault();
});
```

另外也可以通过 JavaScript 脚本调用 reset()方法重置表单，在调用 reset()方法重置表单时会触发 reset 事件。

```javascript
var form = document.getElementById("myForm");
form.reset();
```

19.3.3　表单字段

每个表单都有一个 elements 属性，该属性是表单中所有表单（字段）的集合。

```javascript
var form = document.forms["myForm"];
var list = [];
//取得表单中第一个字段
var firstName = form.elements[0];
list.push(firstName.name);
//取得表单中名为 lastName 的字段
var lastName = form.elements["lastName"];
list.push(lastName.name);
//取得表单中包含的字段的数量
var fieldCount = form.elements.length;
list.push(fieldCount);
console.log(list.toString()); //firstName,lastName,4
```

多个表单控件使用一个 name（单选按钮），那么会返回以该 name 命名的 NodeList。

```html
<form id="myForm" name="myForm">
    <ul>
      <li><input type="radio" name="color" value="red">red</li>
      <li><input type="radio" name="color" value="yellow">yellow</li>
      <li><input type="radio" name="color" value="blue">blue</li>
    </ul>
    <button type="submint">Submit Form</button>
    <button type="reset">Reset Form</button>
 </form>
```

name 都是 color，在访问 elements["color"]时，返回 NodeList。

```javascript
var list = [];
var form = document.forms["myForm"];
var radios = form.elements["color"];
console.log(radios.length) //3
```

1．共有的表单字段属性

- disabled：布尔值，表示当前字段是否被禁用。
- form：指向当前字段所属表单的指针，只读。
- name：当前字段的名称。
- readOnly：布尔值，表示当前字段是否只读。

- tabIndex：表示当前字段的切换（tab）序号。
- type：当前字段的类型。
- value：当前字段被提交给服务器的值。对文件字段来说，这个属性是只读的，包含着文件在计算机中的路径。
- 在提交表单后，可通过 submit 事件禁用提交按钮，但不可以用 onclick 事件，因为 onclick 在不同浏览器中有"时差"。

2．共有表单字段方法

- focus()：激活字段，使其可以响应键盘事件。
- blur()：失去焦点，触发（使用的场合不多）。

可以在侦听页面的 load 事件上添加该 focus()方法。

```
window.addEventListener("load", function() {
  document.forms["myForm"].elements["lastName"].focus();
});
```

注意，第一个表单字段是 input，如果其 type 特性为"hidden"，或者 css 属性的 display 和 visibility 属性隐藏了该字段，则会导致错误。

在 HTML5 中，表单中新增加了 autofocus 属性，可以自动地把焦点移动到相应字段。

3．autofocus 属性

```
<input type="text" name="lastName" autofocus>
```

或者检测是否设置了该属性，没有的话再调用 focus()方法。

```
window.addEventListener("load", function() {
  var form = document.forms["myForm"];
  if (form["lastName"].autofocus !== true) {
    form["lastName"].focus();
  };
});
```

4．共有的表单字段事件

除了支持鼠标键盘更改和 HTML 事件之外，所有的表单字段都支持下列三个事件。

（1）blur：当前字段失去焦点时触发。

（2）change：input 元素和 textarea 元素，在它们失去焦点且 value 值改变时触发；select 元素在其选项改变时触发（不失去焦点也会触发）。

（3）focus：当前字段获得焦点时触发。

例如：

```
var form = document.forms["myForm"];
var firstName = form.elements["firstName"];

firstName.addEventListener("focus", handler);
firstName.addEventListener("blur", handler);
```

```
firstName.addEventListener("change", handler);

function handler() {
  switch (event.type) {
    case "focus":
      if (firstName.style.backgroundColor !== "red") {
        firstName.style.backgroundColor = "yellow";


      };
      break;
    case "blur":
      if (event.target.value.length < 1) {
        firstName.style.backgroundColor = "red";
      } else {
        firstName.style.backgroundColor = "";
      };
      break;
    case "change":
      if (event.target.value.length < 1) {
        firstName.style.backgroundColor = "red";
      } else {
        firstName.style.backgroundColor = "";
      };
      break;
  }
}
```

19.3.4 表单样例

JavaScript 常用于对输入数字的验证，接下来代码 19-1 将展示一个输入数字验证的 JavaScript1 样例代码。

代码 19-1

```
<!DOCTYPE html>
<html>
<head>
<meta charset="utf-8">
</head>
<body>

<h1>JavaScript 验证输入</h1>

<p>请输入 1~10 之间的数字：</p>

<input id="numb">

<button type="button" onclick="myFunction()">提交</button>
```

```
<p id="demo"></p>

<script>
function myFunction() {
    var x, text;

    //获取 id="numb" 的值
    x = document.getElementById("numb").value;

    //如果输入的值 x 不是数字或者小于 1 或者大于 10，则提示错误 Not a Number or
    //less than one or greater than 10
    if (isNaN(x) || x < 1 || x > 10) {
        text = "输入错误";
    } else {
        text = "输入正确";
    }
    document.getElementById("demo").innerHTML = text;
}
</script>

</body>
</html>
```

如果输入的数字在 1～10 之间，则会提示正确；否则提示错误。JavaScript 验证输入正确和错误界面如图 19-8 和图 19-9 所示。

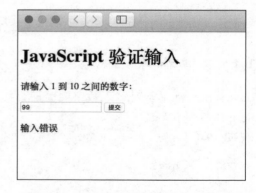

图 19-8 JavaScript 验证输入正确界面   图 19-9 JavaScript 验证输入错误界面

19.4 类　　库

许多常见的功能都被封装到了 JavaScript 类库中，程序员不需要重复实现一些他人已经完成的任务。这时，学会 JavaScript 类库的使用就是十分重要的。当引用 JavaScript 类库时，通常将引用语句放置在 HTML 文件的最后。因为 JavaScript 的加载会影响网页页面的渲染效果。

```
<html>
    <body>
    ......
    <script str="www.example.com"> </script>
    </body>
</html>
```

19.4.1　常见类库

1. jQuery

JavaScript 类库中最有名的莫属 Google 公司的 jQuery 框架。jQuery 是一个高效、精简并且功能丰富的 JavaScript 工具库。它提供的 API 易于使用，并且可以兼容众多的浏览器，这让诸如 HTML 文档遍历和操作、事件处理、动画和 Ajax 操作变得更加简单。

2. Cut.js

Cut.js 是一个能够开发的高性能、动态互动 2D HTML5 图形的超迷类库如图 19-10 所示。它可以支持现代的浏览器和移动设备，还可以开发游戏和可视化的应用。CutJS 提供了 DOM 类型的 API 来创建和播放基于画布的图形。

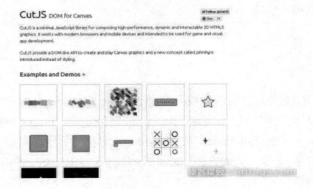

图 19-10　Cut.js

3. Sticker.js

Sticker.js 是一个轻量级的 **JavaScript** 类库，它允许你创建粘贴的效果，如图 19-11 所示。它不依赖任何类库，基于 MIT License 创建，支持所有支持 **CSS3** 的主流浏览器（IE10+）。

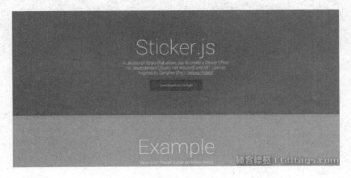

图 19-11　Sticker.js

常用功能

4．Fattable.js

图 19-12 所示的 Fattable.js 是一个帮助创建无限滚动和无限行列数的 JavaScript 类库。比较大的表（多余 10000 个单元格）使用 DOM 处理不是很方便，滚动会变得不均匀。同时对于比较大的表格，其增长的速度也更快。在这种情况下，让用户去下载或者保留全部数据是不太可能的。Fattable.js 可以很好地处理异常数据加载。

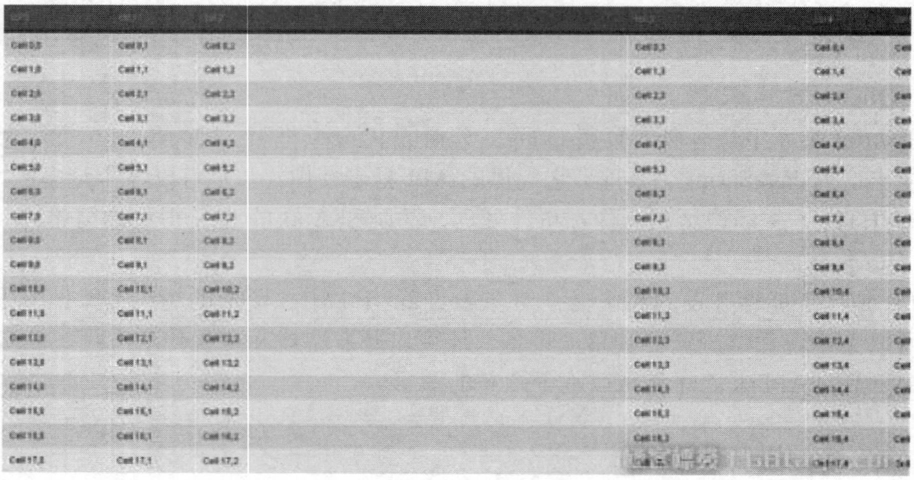

图 19-12　Fattable.js

5．Fn.js

Fn.js 是一个鼓励你使用函数编程风格的可选 JavaScript 类库，如图 19-13 所示。它是基于性能和规则来支持函数化实践。为了保证路径正确，Fn.js 内部强制地避免 side effects、Object Mutation 和 Function state。支持 Node.js 或者浏览器，可以使用常规的 script 来引用或者通过 AMD 加载器，例如，RequireJS。即将支持 Bower。Fn.js 基于 MIT LIcensed，可以在 Github 下载。

图 19-13　Fn.js

6．Progress.js

图 19-14 所示的 Progress.js 是一个帮助开发人员使用 JavaScript 和 CSS 3 创建进度条的 JavaScript 类库。可以自己设计进度条的模板或者自定义，也可以使用 Progess.js 来展示加载内容的进度（如 images、Video 等），可以将它应用到所有页面元素，比如：textbox、textarea 甚至整个 body。

图 19-14　Progress.js

19.4.2　jQuery

1．jQuery 简介

jQuery 是一个 JavaScript 函数库，是一个轻量级的"写得少、做得多"的 JavaScript 库。jQuery 库包含以下功能：

- HTML 元素选取；
- HTML 元素操作；
- CSS 操作；
- HTML 事件函数；
- JavaScript 特效和动画；
- HTML DOM 遍历和修改；
- AJAX；
- Utilities。

除此之外，JQuery 还提供了大量的插件。

目前网络上有大量开源的 JavaScript 框架，但 jQuery 是目前最流行的 JavaScript 框架，而且它可以提供大量的扩展。很多大公司都在使用 jQuery，例如：Google、Microsoft、IBM、Netflix 等。

2．jQuery 安装

（1）在网页中添加 jQuery

可以通过多种方法在网页中添加 jQuery。可以使用以下方法：

- 从 www.jquery.com 下载 jQuery 库；
- 从 CDN 中载入 jQuery，如从 Google 中加载 jQuery。

（2）下载 jQuery

有两个版本的 jQuery 可供下载。

- Production version：用于实际的网站中，已被精简和压缩。
- Development version：用于测试和开发（未压缩，它是可读的代码）。

以上两个版本都可以从 www.jquery.com 中下载。

（3）CDN 引用

百度、又拍云、新浪、谷歌和微软的服务器都存有 jQuery。如果站点用户是国内的，建议使用百度、又拍云、新浪等国内 CDN 地址；如果站点用户是国外的可以使用谷歌和微软。例如代码 19-2 是通过使用百度的 CDN 来编写的一个简单 JQuery 事件。

代码 19-2

```html
<!DOCTYPE html>
<html>

<meta charset="utf-8">
<body>
<h2>这是一个标题</h2>
<p>这是一个段落。</p>
<p>这是另一个段落。</p>
<button>点我</button>
</body>
<script src="https://apps.bdimg.com/libs/jquery/2.1.4/jquery.min.js"></script>
<script>
$(document).ready(function(){
  $("button").click(function(){
    $("p").hide();
  });
});
</script>
</html>
```

button 事件单击前后的变化效果如图 19-15 和图 19-16 所示。

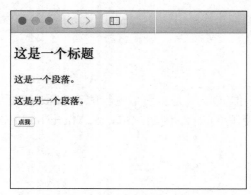

图 19-15　button 事件单击前

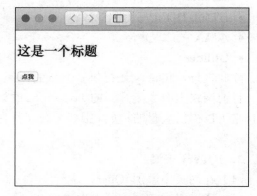

图 19-16　button 事件单击后

19.5 jQuery 详解

jQuery 是 JavaScript 中极为常用的第三方类库，它可以极大地化解 JavaScript 完成任务的难度，所以在 JavaScript 中着重讲解一下。

19.5.1 jQuery 选择器

jQuery 选择器允许对 HTML 元素组或单个元素进行操作。jQuery 选择器基于元素的 id、类、类型、属性、属性值等 "查找（或选择）" HTML 元素。它是基于已经存在的 CSS 选择器。除此之外，它还有一些自定义的选择器。jQuery 中所有选择器都以美元符号开头：$()。

1. 元素选择器

jQuery 元素选择器基于元素名选取元素。如在页面中选取所有<p>元素。

```
$("p")
```

用户单击按钮后，所有<p>元素都隐藏。

```
$(document).ready(function(){
  $("button").click(function(){
    $("p").hide();
  });
});
```

2. #id 选择器

jQuery #id 选择器通过 HTML 元素的 id 属性选取指定的元素。

页面中元素的 id 应该是唯一的，所以想要在页面中选取唯一的元素，则需要通过#id 选择器。

通过 id 选取元素语法如下。

```
$("#test")
```

当用户单击按钮后，有 id="test"属性的元素将被隐藏。

```
$(document).ready(function(){
  $("button").click(function(){
    $("#test").hide();
  });
});
```

3. .class 选择器

jQuery 类选择器可以通过指定的 class 查找元素。

语法如下：

```
$(".test")
```

用户单击按钮后所有带有 class="test"属性的元素都隐藏。

```
$(document).ready(function(){
  $("button").click(function(){
    $(".test").hide();
  });
});
```

4．更多实例

选择器实例如表 19-2 所示。

表 19-2　选择器实例

语法	描述
$("*")	选取所有元素
$(this)	选取当前 HTML 元素
$("p.intro")	选取 class 为 intro 的\<p>元素
$("p:first")	选取第一个\<p>元素
$("ul li:first")	选取第一个\<ul>元素的第一个\<li>元素
$("ul li:first-child")	选取每个\<ul>元素的第一个\<li>元素
$("[href]")	选取带有 href 属性的元素
$("a[target='_blank']")	选取所有 target 属性值等于"_blank"的\<a>元素
$("a[target!='_blank']")	选取所有 target 属性值不等于"_blank"的\<a>元素
$(":button")	选取所有 type="button"的\<input>元素和\<button>元素
$("tr:even")	选取偶数位置的\<tr>元素
$("tr:odd")	选取奇数位置的\<tr>元素

例如代码 19-3 使用 jQuery 选择器实现一个页面表格的背景改变效果。利用$("tr:odd")将 table 里面奇数位置的 \<tr> 元素北京改为黄色。

代码 19-3

```
<!DOCTYPE html>
<html>
<head>
<meta charset="utf-8">
</head>
<body>

<h1>欢迎访问我的主页</h1>

<table border="1">
<tr>
  <th>网站名</th>
  <th>网址</th>
</tr>
<tr>
<td>Google</td>
<td>http://www.google.com</td>
</tr>
```

```
<tr>
<td>Baidu</td>
<td>http://www.baidu.com</td>
</tr>
<tr>
<td>苹果</td>
<td>http://www.apple.com</td>
</tr>
<tr>
<td>淘宝</td>
<td>http://www.taobao.com</td>
</tr>
<tr>
<td>Facebook</td>
<td>http://www.facebook.com</td>
</tr>
</table>
<script src="https://cdn.bootcss.com/jquery/1.10.2/jquery.min.js">
</script>
<script>
$(document).ready(function(){
  $("tr:even").css("background-color","yellow");
});
</script>
</body>
</html>
```

jQuery 选择器改变表格样式效果如图 19-17 所示。

图 19-17　jQuery 选择器改变表格样式效果

19.5.2　jQuery 事件

1. jQuery 事件简介
页面对不同访问者的响应叫事件。事件处理程序指的是当 HTML 中发生某些事件时所调用的方法。如：

- 在元素上移动鼠标；
- 选取单选按钮；
- 单击元素。

在事件中经常使用术语"触发"（或"激发"），例如："当按下按键时触发 keypress 事件"。常见 DOM 事件如表 19-3 所示。

表 19-3　常见 DOM 事件

鼠标事件	键盘事件	表单事件	文档/窗口事件
click	keypress	submit	load
dblclick	keydown	change	resize
mouseenter	keyup	focus	scroll
mouseleave		blur	unload

2．常见事件

（1）文档就绪事件

通过查看 jQuery 函数源文件可以发现，所有的 jQuery 函数都位于一个 document ready 函数中。

```
$(document).ready(function(){    //开始写 jQuery 代码...});
```

这是为了防止文档在完全加载（就绪）之前运行 jQuery 代码。

如果在文档没有完全加载之前就运行函数，则操作可能失败。下面是两个具体的例子：

- 试图隐藏一个不存在的元素；
- 获得未完全加载的图像的大小。

简洁写法（与以上写法效果相同）：

```
$(function(){                        //开始写 jQuery 代码...});
```

以上两种方式可以选择喜欢的方式，来实现文档就绪后执行 jQuery 方法。

（2）click()

click()方法是当按钮单击事件被触发时会调用一个函数。该函数在用户单击 HTML 元素时执行。在下面的实例中，当单击事件在某个<p>元素上触发时，隐藏当前的<p>元素。

```
$("p").click(function(){
  $(this).hide();
});
```

（3）dblclick()

当双击元素时，会发生 dblclick 事件。dblclick()方法触发 dblclick 事件，或规定当发生 dblclick 事件时运行的函数。

```
$("p").click(function(){
  $(this).hide();
});
```

（4）mouseenter()

当鼠标指针穿过元素时，会发生 mouseenter 事件。mouseenter()方法触发 mouseenter 事件，或规定当发生 mouseenter 事件时运行的函数。

```
$("#p1").mouseenter(function(){
    alert('您的鼠标移到了 id="p1" 的元素上!');
});
```

（5）mouseleave()

当鼠标指针离开元素时，会发生 mouseleave 事件。mouseleave()方法触发 mouseleave 事件，或规定当发生 mouseleave 事件时运行的函数。

```
$("#p1").mouseleave(function(){
    alert("再见，您的鼠标离开了该段落。");
});
```

（6）mousedown()

当鼠标指针移动到元素上方,并按下鼠标按键时,会发生 mousedown 事件。mousedown()方法触发 mousedown 事件，或规定当发生 mousedown 事件时运行的函数。

```
$("#p1").mousedown(function(){
    alert("鼠标在该段落上按下! ");
});
```

（7）mouseup()

当在元素上松开鼠标按钮时，会发生 mouseup 事件。mouseup()方法触发 mouseup 事件，或规定当发生 mouseup 事件时运行的函数。

```
$("#p1").mouseup(function(){
    alert("鼠标在段落上松开。");
});
```

（8）hover()

hover()方法用于模拟光标悬停事件。当鼠标移动到元素上时，会触发指定的第一个函数(mouseenter)；当鼠标移出这个元素时，会触发指定的第二个函数(mouseleave)。

```
$("#p1").hover(
    function(){
        alert("你进入了 p1!");
    },
    function(){
        alert("拜拜! 现在你离开了 p1!");
    }
);
```

（9）focus()

当元素获得焦点时，发生 focus 事件。当通过单击选中元素或通过 Tab 键定位到元素时，该元素就会获得焦点。focus()方法触发 focus 事件，或规定当发生 focus 事件时运行的函数。

```
$("input").focus(function(){
  $(this).css("background-color","#cccccc");
});
```

3．事件示例

下面代码 19-4 展示的是通过使用 jQuery 将页面元素中 input 元素的 focus 事件定义为：当 input 被 focus 时 body 元素的背景颜色变为灰色。

代码 19-4

```
<!DOCTYPE html>
<html>
<head>
<meta charset="utf-8">
<title>jQuery Event Sample</title>
</head>
<body>

Name: <input type="text" name="fullname"><br>
Email: <input type="text" name="email">

<script src="https://cdn.bootcss.com/jquery/1.10.2/jquery.min.js">
</script>
<script>
$(document).ready(function(){
  $("input").focus(function(){
    $("body").css("background-color","#cccccc");
  });
});
</script>
</body>
</html>
```

当没有 focus input 元素时，显示效果如图 19-18 所示。

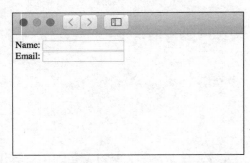

图 19-18　没有 focus input 元素时显示效果

当单击任意一个输入框时，显示效果见图 19-19 所示。

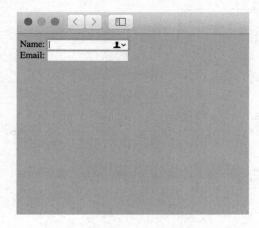

图 19-19　单击 Focus 输入框时显示效果

19.5.3　jQuery 内容修改

jQuery 能够对 HTML 中所有（DOM）元素进行操作，并且所有相关方法都与选择器进行了封装，所以相比于原生的 JavaScript 更具备灵活性和易用性。

1. 设置和获取

获得 HTML 内容主要通过 text()、html()、val()以及 attr()完成。

- text()

设置或返回所选元素的文本内容，不包括 HTML 元素。

- html()

设置或返回所选元素的内容（包括 HTML 标记）。

```
$("#btn1").click(function(){ alert("Text: " + $("#test").text()); });
$("#btn2").click(function(){ alert("HTML: " + $("#test").html()); });
```

- val()

设置或返回表单字段的值。

```
$("#btn1").click(function(){ alert("值为: " + $("#test").val()); });
```

- attr()

用于获取属性值。

```
$("button").click(function(){
  alert($("#runoob").attr("href"));
});
```

同时，通过以上方法还可以直接设置 HTML 元素的相应属性。

```
$("#btn1").click(function(){
    $("#test1").text("Hello world!");
```

```
});
$("#btn2").click(function(){
    $("#test2").html("<b>Hello world!</b>");
});
$("#btn3").click(function(){
    $("#test3").val("jQuery");
});
$("button").click(function(){
    $("#runoob").attr("href","http://www.example.com/jquery");
});
```

例如代码 19-5 使用的是上述方法来修改网页内容。

代码 19-5

```
<!DOCTYPE html>
<html>
<head>
<meta charset="utf-8">
<script src="https://cdn.bootcss.com/jquery/1.10.2/jquery.min.js">
</script>
<script>
$(document).ready(function(){
  $("#btn1").click(function(){
    $("#test1").text("Hello world!");
  });
  $("#btn2").click(function(){
    $("#test2").html("<b>Hello world!</b>");
  });
  $("#btn3").click(function(){
    $("#test3").val("jQuery");
  });
});
</script>
</head>

<body>
<p id="test1">这是一个段落。</p>
<p id="test2">这是另外一个段落。</p>
<p>输入框: <input type="text" id="test3" value="输入内容"></p>
<button id="btn1">设置文本</button>
<button id="btn2">设置 HTML</button>
<button id="btn3">设置值</button>
</body>
</html>
```

修改前 HTML 内容如图 19-20 所示。

单击页面中的三个按钮，触发 jQuery 事件显示效果，即修改后 HTML 内容如图 19-21 所示。

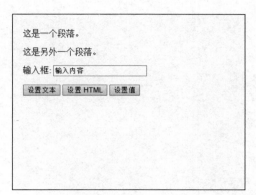

图 19-20　修改前 HTML 内容

图 19-21　修改后 HTML 内容

2．增删元素

（1）jQuery 主要提供了四个方法增加元素。

① append()：在被选元素的结尾插入内容。

② prepend()：在被选元素的开头插入内容。

③ after()：在被选元素之后插入内容。

④ before()：在被选元素之前插入内容。

基本使用方法如下代码所示：

```
$("p").append("追加文本");
$("p").prepend("在开头追加文本");
$("p").after("在后面添加文本");
$("p").before("在前面添加文本");
```

下面代码 19-6 提供一个简单的样例。

代码 19-6

```
<!DOCTYPE html>
<html>
<head>
<meta charset="utf-8">
<title>Append Example</title>
<script src="https://cdn.bootcss.com/jquery/1.10.2/jquery.min.js">
</script>
<script>
$(document).ready(function(){
  $("#btn1").click(function(){
    $("p").prepend("<b>在开头追加文本</b>。");
  });
  $("#btn2").click(function(){
    $("ol").prepend("<li>在开头添加列表项</li>");
```

```
            });
        });
    </script>
    </head>
    <body>

    <p>这是一个段落。</p>
    <p>这是另外一个段落。</p>
    <ol>
    <li>列表 1</li>
    <li>列表 2</li>
    <li>列表 3</li>
    </ol>
    <button id="btn1">添加文本</button>
    <button id="btn2">添加列表项</button>

    </body>
    </html>
```

未添加元素前显示效果如图 19-22 所示。

添加元素后显示效果见图 19-23。

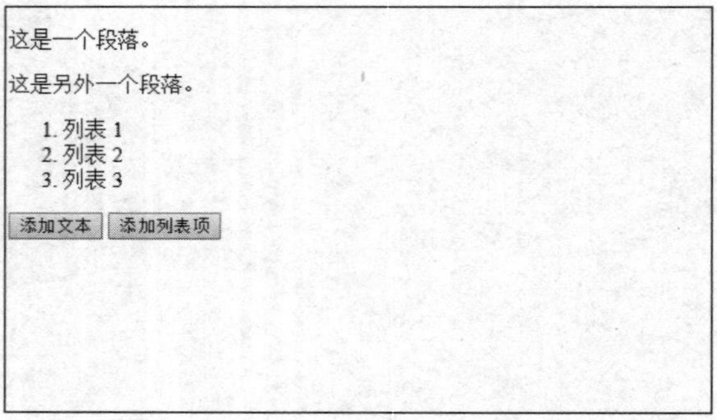

图 19-22　未添加元素前的显示效果

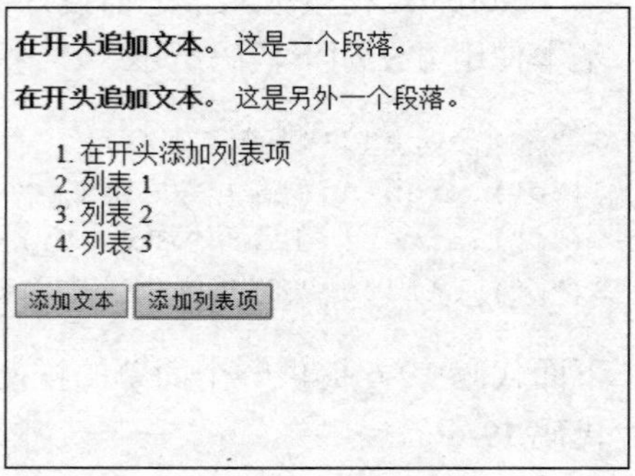

图 19-23　添加元素后的显示效果

（2）jQuery 主要提供了两个方法删除元素。

① remove()：删除被选元素（及其子元素）。

② empty()：从被选元素中删除子元素。

```
$("p").remove();
$("p").empty();
```

同时 jQuery remove()方法也可接受一个参数，允许对被删元素进行过滤。该参数可以是任何 jQuery 选择器的语法。下面的例子为删除 class="italic"的所有<p>元素。

```
<!DOCTYPE html>
<html>
```

```
<head>
<meta charset="utf-8">
<script src="https://cdn.bootcss.com/jquery/1.10.2/jquery.min.js">
</script>
<script>
$(document).ready(function(){
  $("button").click(function(){
    $("p").remove(".italic");
  });
});
</script>
</head>
<body>

<p>这是一个段落。</p>
<p class="italic"><i>这是另外一个段落。</i></p>
<p class="italic"><i>这是另外一个段落。</i></p>
<button>移除所有  class="italic" 的 p 元素。</button>

</body>
</html>
```

<p>标签删除前效果如图 19-24 所示。

<p>标签删除后如图 19-25 所示。

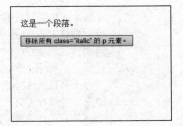

图 19-24　<p>标签删除前效果　　　　图 19-25　<p>标签删除后效果

19.5.4　jQuery 遍历

　　jQuery 可以高效地遍历 HTML 页面的各种元素，尤其是各种选择器和子、父控件操作函数的提供，让元素的遍历更加灵活、方便。

　　常见的遍历方法有三种。

　　（1）选择器+遍历

```
$('div').each(function(i){
   //i 是索引值
   //this 表示获取遍历每一个 dom 对象
});
```

又如：

```
$('div').each(function(index,domEle){
    //index 是索引值
    //domEle 表示获取遍历每一个 dom 对象
});
```

（2）更适用的遍历方法

- 先获取某个集合对象；
- 遍历集合对象的每一个元素。

```
var d=$("div");
$.each(d,function(index,domEle){
    //d 是要遍历的集合
    //index 就是索引值
    //domEle 表示获取遍历每一个 dom 对
});
```

jQuery 还提供了众多方法来支持元素间复杂的遍历逻辑，jQuery 常见遍历方法如表 19-4 所示。

表 19-4　jQuery 常见遍历方法

方法	描述
add()	把元素添加到匹配元素的集合中
addBack()	把之前的元素集添加到当前集合中
andSelf()	在版本 1.8 中被废弃。addBack()的别名
children()	返回被选元素的所有直接子元素
closest()	返回被选元素的第一个祖先元素
contents()	返回被选元素的所有直接子元素（包含文本和注释节点）
each()	为每个匹配元素执行函数
end()	结束当前链中最近一次的筛选操作，并把匹配元素集合返回到前一次的状态
eq()	返回带有被选元素的指定索引号的元素
filter()	把匹配元素集合缩减为匹配选择器或匹配函数返回值的新元素
find()	返回被选元素的后代元素
first()	返回被选元素的第一个元素
has()	返回拥有一个或多个元素在其内的所有元素
is()	根据选择器/元素/jQuery 对象检查匹配元素集合，如果存在至少一个匹配元素，则返回 true
last()	返回被选元素的最后一个元素
map()	把当前匹配集合中的每个元素传递给函数，产生包含返回值的新 jQuery 对象
next()	返回被选元素的后一个同级元素
nextAll()	返回被选元素之后的所有同级元素
nextUntil()	返回介于两个给定参数之间的每个元素之后的所有同级元素
not()	从匹配元素集合中移除元素

方法	描述
offsetParent()	返回第一个定位的父元素
parent()	返回被选元素的直接父元素
parents()	返回被选元素的所有祖先元素
parentsUntil()	返回介于两个给定参数之间的所有祖先元素
prev()	返回被选元素的前一个同级元素
prevAll()	返回被选元素之前的所有同级元素
prevUntil()	返回介于两个给定参数之间的每个元素之前的所有同级元素
siblings()	返回被选元素的所有同级元素
slice()	把匹配元素集合缩减为指定范围的子集

代码 19-7 提供一个利用 children 方法进行遍历的实例，例子中通过 children()函数改变了元素子节点的边框颜色。

代码 19-7

```
<!DOCTYPE html>
<html>
<head>
<meta charset="utf-8">
<title>遍历实例</title>
<style>
.descendants *{
  display: block;
  border: 2px solid lightgrey;
  color: lightgrey;
  padding: 5px;
  margin: 15px;
}
</style>
<script src="https://cdn.bootcss.com/jquery/1.10.2/jquery.min.js">
</script>
<script>
$(document).ready(function(){
  $("ul").children().css({"color":"red","border":"2px solid red"});
});
</script>
</head>
<body class="descendants">body (曾祖先节点)

<div style="width:500px;">div (祖先节点)
  <ul>ul (直接父节点)
    <li>li (子节点)
      <span>span (孙节点)</span>
    </li>
```

```
    </ul>
  </div>

  </body>
</html>
```

Children()方法遍历实例显示结果如图 19-26 所示。

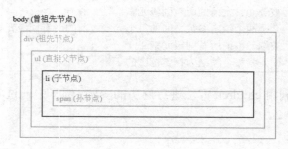

图 19-26　Children()方法遍历实例显示结果

思　考　题

1．创建一个长度为 10 的数组，并对其进行排序，输出排序前和排序后的结果。

2．打印当前日期到控制台。

3．需要使用表单接受请求的 URL，应该使用表单的什么方法实现？（　　　）

    A．action

    B．submit

    C．reset

    D．send

4．下列哪个是 jQuery 的类选择器语法？（　　　）

    A．$("p")

    B．$("#test")

    C．$(".test")

    D．$(":button")

5．尝试为一个网页编写简单的脚本，使用 jQuery 移除网页上所有内容（提示：使用 remove 和遍历功能）。

第20章 代码规范

第20章

20.1 文件及结构

20.1.1 文件

- 建议：

JavaScript 文件使用无 BOM 的 UTF-8 编码。

解释：

UTF-8 编码具有更广泛的适应性。BOM 在使用程序或工具处理文件时，可能造成不必要的干扰。

- 建议：

在文件结尾处，保留一个空行。

20.1.2 结构

1. 缩进

- 建议：

使用四个空格作为一个缩进层级，不允许使用两个空格或 tab 字符。switch 下的 case 和 default 必须增加一个缩进层级。

示例：

```
//good
switch(variable) {
    case '1':
        //do...
        break;
    case '2':
        //do...
        break;
    default:
        //do...
}


//bad
switch(variable) {
```

```
case '1':
    //do...
    break;
case '2':
    //do...
    break;
default:
    //do...
}
```

2. 空格

● 建议：

二元运算符两侧必须有一个空格，一元运算符与操作对象之间不允许有空格。

示例：

```
var a = !arr.length;
a++;
a = b + c;
```

● 建议：

用作代码块起始的左大括号{前必须有一个空格。

示例：

```
//good
if(condition) {
}

while(condition) {
}

function funcName() {
}

//bad
if(condition){
}

while(condition){
}

function funcName(){
}
```

● 建议：

if、else、for、while、function、switch、do、try、catch、finally 关键字后，必须有一

个空格。

示例：

```
//good
if(condition) {
}

while(condition) {
}

(function() {
})();

//bad
if(condition) {
}

while(condition) {
}

(function() {
})();
```

- 建议：

在对象创建时，属性中的":"之后必须有空格，":"之前不允许有空格。

示例：

```
//good
var obj = {
    a: 1,
    b: 2,
    c: 3
};

//bad
var obj = {
    a : 1,
    b:2,
    c :3
};
```

- 建议：

在函数声明、具名函数表达式、函数调用中，函数名与"("之间不允许有空格。

示例：

```
//good
```

```
function funcName() {
}

var funcName = function funcName() {
};

funcName();

//bad
function funcName() {
}

var funcName = function funcName() {
};

funcName();
```

- **建议：**

"," 和 ";" 前不允许有空格。

示例：

```
//good
callFunc(a, b);

//bad
callFunc(a , b) ;
```

- **建议：**

在函数调用、函数声明、括号表达式、属性访问，以及 if、for、while、switch、catch 等语句中，()和[]内紧贴括号部分不允许有空格。

示例：

```
//good

callFunc(param1, param2, param3);

save(this.list[this.indexes[i]]);

needIncream &&(variable += increament);

if(num > list.length) {
}

while(len--) {
}
```

```
//bad

callFunc( param1, param2, param3 );

save( this.list[ this.indexes[ i ] ] );

needIncreament &&( variable += increament );

if( num > list.length ) {
}

while( len-- ) {
}
```

- 建议：

单行声明的数组与对象，如果包含元素，{} 和 [] 内紧贴括号部分不允许包含空格。

解释：

声明包含元素的数组与对象，只有当内部元素的形式较为简单时，才允许写在一行。
而在元素复杂的情况下，应该换行书写。

示例：

```
//good
var arr1 = [];
var arr2 = [1, 2, 3];
var obj1 = {};
var obj2 = {name: 'obj'};
var obj3 = {
    name: 'obj',
    age: 20,
    sex: 1
};

//bad
var arr1 = [ ];
var arr2 = [ 1, 2, 3 ];
var obj1 = { };
var obj2 = { name: 'obj' };
var obj3 = {name: 'obj', age: 20, sex: 1};
```

- 建议：

行尾不得有多余的空格、换行。

- 建议：

每个独立语句结束后必须换行。

- 建议：

每行不得超过 120 个字符。

解释：

超长的不可分割的代码允许例外，比如复杂的正则表达式。长字符串不在例外之列。

- **建议：**

运算符处换行时，运算符必须在新行的行首。

示例：

```
//good
if(user.isAuthenticated()
    && user.isInRole('admin')
    && user.hasAuthority('add-admin')
    || user.hasAuthority('delete-admin')
) {
    //Code
}

var result = number1 + number2 + number3
    + number4 + number5;

//bad
if(user.isAuthenticated() &&
    user.isInRole('admin') &&
    user.hasAuthority('add-admin') ||
    user.hasAuthority('delete-admin')) {
    //Code
}

var result = number1 + number2 + number3 +
    number4 + number5;
```

- **建议：**

在函数声明、函数表达式、函数调用、对象创建、数组创建、for 语句等场景中，不允许在 "," 或 ";" 前换行。

示例：

```
//good
var obj = {
    a: 1,
    b: 2,
    c: 3
};

foo(
    aVeryVeryLongArgument,
    anotherVeryLongArgument,
    callback
```

```
);

//bad
var obj = {
    a: 1
    , b: 2
    , c: 3
};

foo(
    aVeryVeryLongArgument
    , anotherVeryLongArgument
    , callback
);
```

- 建议：

不同行为或逻辑的语句集，使用空行隔开，更易阅读。

示例：

```
//仅为按逻辑换行的示例，不代表 setStyle 的最优实现
function setStyle(element, property, value) {
    if(element == null) {
        return;
    }

    element.style[property] = value;
}
```

20.2　命名和注释

20.2.1　命名

- 建议：

变量使用 Camel 命名法。

示例：

```
var loadingModules = {};
```

- 建议：

常量使用全部字母大写，单词间下画线分隔的命名方式。

示例：

```
var HTML_ENTITY = {};
```

- 建议：

函数使用 Camel 命名法。

示例：

```
function stringFormat(source) {
}
```

- 建议：

函数的参数使用 Camel 命名法。

示例：

```
function hear(theBells) {
}
```

- 建议：

类使用 Pascal 命名法。

示例：

```
function TextNode(options) {
}
```

- 建议：

类的方法/属性 使用 Camel 命名法。

示例：

```
function TextNode(value, engine) {
    this.value = value;
    this.engine = engine;
}

TextNode.prototype.clone = function() {
    return this;
};
```

- 建议：

枚举变量使用 Pascal 命名法，枚举的属性使用全部字母大写，单词间下画线分隔的命名方式。

示例：

```
var TargetState = {
    READING: 1,
    READED: 2,
    APPLIED: 3,
    READY: 4
};
```

- 建议：

命名空间使用 Camel 命名法。

示例：

```
equipments.heavyWeapons = {};
```

- 建议：

由多个单词组成的缩写词，在命名中，根据当前命名法和出现的位置，所有字母的大小写应与首字母的大小写保持一致。

示例：

```
function XMLParser() {
}

function insertHTML(element, html) {
}

var httpRequest = new HTTPRequest();
```

- 建议：

类名使用名词。

示例：

```
function Engine(options) {
}
```

- 建议：

函数名使用动宾短语。

示例：

```
function getStyle(element) {
}
```

- 建议：

boolean 类型的变量使用 is 或 has 开头。

示例：

```
var isReady = false;
var hasMoreCommands = false;
```

- 建议：

Promise 对象用动宾短语的进行时表达。

示例：

```
var loadingData = ajax.get('url');
loadingData.then(callback);
```

20.2.2 注释

1. 单行注释

- 建议：

必须独占一行。//后跟一个空格，缩进与下一行被注释说明的代码一致。

2. 多行注释

● 建议：

避免使用/*…*/这样的多行注释。有多行注释内容时，使用多个单行注释。

3. 文档化注释

● 建议：

为了便于代码阅读和自文档化，以下内容必须包含以/**…*/形式的块注释中。

● 建议：

文档注释前必须空一行。

● 建议：

自文档化的文档说明 what，而不是 how。

思 考 题

1. JavaScript 推荐使用什么样的编码模式，并解释这样使用的原因。
2. JavaScript 主要有哪两种注释方式？

第 21 章 | **JavaScript 样例**

这一章将通过几个样例来进一步说明 JavaScript 的功能。

21.1 俄罗斯方块

21.1.1 代码及展示

代码 21-1 提供一个极为简单的 JavaScript 来实现俄罗斯方块游戏。

代码 21-1

```
<!DOCTYPE html>
<html>
<head>
</head>
<body>
    <div id="box" style="width:252px;font:25px/25px 宋体;background:#000;
    color:#9f9;border:#999 20px ridge;text-shadow:2px 3px 1px #0f0;"></div>
    <script>
        var map = eval("[" + Array(23).join("0x801,") + "0xfff]");
        var tatris = [[0x6600], [0x2222, 0xf00], [0xc600, 0x2640], [0x6c00,
        0x4620], [0x4460, 0x2e0, 0x6220, 0x740], [0x2260, 0xe20, 0x6440,
        0x4700], [0x2620, 0x720, 0x2320, 0x2700]];
        var keycom = { "38": "rotate(1)", "40": "down()", "37": "move(2,1)",
        "39": "move(0.5,-1)" };
        var dia, pos, bak, run;
        function start() {
            dia = tatris[~~(Math.random() * 7)];
            bak = pos = { fk: [], y: 0, x: 4, s: ~~(Math.random() * 4) };
            rotate(0);
        }
        function over() {
            document.onkeydown = null;
            clearInterval(run);
            alert("GAME OVER");
        }
        function update(t) {
            bak = { fk: pos.fk.slice(0), y: pos.y, x: pos.x, s: pos.s };
```

232

```
            if (t) return;
            for (var i = 0, a2 = ""; i < 22; i++)
                a2 += map[i].toString(2).slice(1, -1) + "<br/>";
            for (var i = 0, n; i < 4; i++)
                if (/([^0]+)/.test(bak.fk[i].toString(2).replace(/1/g, "\u25a1")))
                    a2 = a2.substr(0, n = (bak.y + i + 1) * 15 - RegExp.$_.length
                        - 4) + RegExp.$1 + a2.slice(n + RegExp.$1.length);
            document.getElementById("box").innerHTML = a2.replace(/1/g,
            "\u25a0").replace(/0/g, "\u3000");
        }
        function is() {
            for (var i = 0; i < 4; i++)
                if ((pos.fk[i] & map[pos.y + i]) != 0) return pos = bak;
        }
        function rotate(r) {
            var f = dia[pos.s = (pos.s + r) % dia.length];
            for (var i = 0; i < 4; i++)
                pos.fk[i] = (f >> (12 - i * 4) & 15) << pos.x;
            update(is());
        }
        function down() {
            ++pos.y;
            if (is()) {
                for (var i = 0; i < 4 && pos.y + i < 22; i++)
                    if ((map[pos.y + i] |= pos.fk[i]) == 0xfff)
                        map.splice(pos.y + i, 1), map.unshift(0x801);
                if (map[1] != 0x801) return over();
                start();
            }
            update();
        }
        function move(t, k) {
            pos.x += k;
            for (var i = 0; i < 4; i++)
                pos.fk[i] *= t;
            update(is());
        }
        document.onkeydown = function (e) {
            eval(keycom[(e ? e : event).keyCode]);
        };
        start();
        run = setInterval("down()", 400);
    </script>
</body>
</html>
```

俄罗斯方块游戏效果如图 21-1 所示。

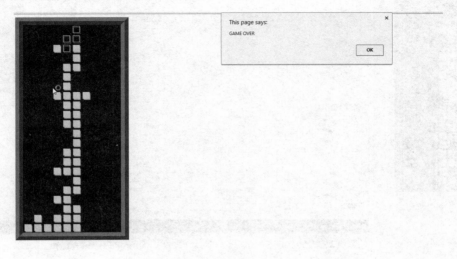

图 21-1　俄罗斯方块游戏效果

21.1.2　代码分析

```
<div id="box" style="width:252px;font:25px/25px 宋体;background:#000;
color:#9f9;border:#999 20px ridge;text-shadow:2px 3px 1px #0f0;"></div>
```

这段代码显示出一个游戏界面，通过设置一个 DIV 的 border，color 等属性，尤其注意 border 属性的 ridge 参数，让游戏能够在一个具有立体感的空间里进行。

```
var map = eval("[" + Array(23).join("0x801,") + "0xfff]");
var tatris = [[0x6600], [0x2222, 0xf00], [0xc600, 0x2640], [0x6c00, 0x4620],
[0x4460, 0x2e0, 0x6220, 0x740], [0x2260, 0xe20, 0x6440, 0x4700], [0x2620,
0x720, 0x2320, 0x2700]];
var keycom = { "38": "rotate(1)", "40": "down()", "37": "move(2,1)", "39":
"move(0.5,-1)" };
var dia, pos, bak, run;
```

这段代码初始化了游戏中的参数，以及键盘动作对于页面元素修改的 HTML 代码。代码最为有趣的是使用了字符来描绘方块的移动轨迹。通过 Chrome 的元素查看功能我们可以看到以下界面如图 21-2 所示。

可以发现游戏时刻都在更新 box 元素的文字内容，让这些文字内容对齐就像一个个方块在移动。

中间的函数大多数都比较好理解，遂不作具体阐释。下面的这个方法值得注意。

```
document.onkeydown = function (e) {
    eval(keycom[(e ? e : event).keyCode]);
};
```

图 21-2 Chrome 元素检查器界面

当每次按下键盘时会触发 onkeydown 事件，将按下的键通过 *e* 变量传入，在通过 eval 方法连接一系列操作，最后会触发 keycom 方法，通过识别不同的按键例如上键对应 38 号指令，调用 rotate 方法，使得当前的方块发生旋转。

21.2　计　算　器

21.2.1　代码及展示

代码 21-2 使用 JavaScript 编写一个美观的计算器，这里会更多地使用前面学习过的 CSS3 和 HTML 知识编写，这也让读者能够更好地看到 HTML、CSS 和 JavaScript 之间的配合关系。

代码 21-2

```html
<div id="calculator">
  <!-- Screen and clear key -->
  <div class="top">
    <span class="clear">C</span>
    <div class="screen"></div>
  </div>

  <div class="keys">
    <!-- operators and other keys -->
    <span>7</span>
    <span>8</span>
    <span>9</span>
    <span class="operator">+</span>
```

```
      <span>4</span>
      <span>5</span>
      <span>6</span>
      <span class="operator">-</span>
      <span>1</span>
      <span>2</span>
      <span>3</span>
      <span class="operator">÷</span>
      <span>0</span>
      <span>.</span>
      <span class="eval">=</span>
      <span class="operator">x</span>
    </div>
</div>

<style type="text/css">
  /* Basic reset */
* {
  margin: 0;
  padding: 0;
  box-sizing: border-box;

  /* Better text styling */
  font: bold 14px Arial, sans-serif;
}

/* Finally adding some IE9 fallbacks for gradients to finish things up */

/* A nice BG gradient */
html {
  height: 100%;
  background: white;
  background: radial-gradient(circle, #fff 20%, #ccc);
  background-size: cover;
}

/* Using box shadows to create 3D effects */
#calculator {
  width: 325px;
  height: auto;

  margin: 100px auto;
  padding: 20px 20px 9px;

  background: #9dd2ea;
```

```css
    background: linear-gradient(#9dd2ea, #8bceec);
    border-radius: 3px;
    box-shadow: 0px 4px #009de4, 0px 10px 15px rgba(0, 0, 0, 0.2);
}

/* Top portion */
.top span.clear {
  float: left;
}

/* Inset shadow on the screen to create indent */
.top .screen {
  height: 40px;
  width: 212px;

  float: right;

  padding: 0 10px;

  background: rgba(0, 0, 0, 0.2);
  border-radius: 3px;
  box-shadow: inset 0px 4px rgba(0, 0, 0, 0.2);

  /* Typography */
  font-size: 17px;
  line-height: 40px;
  color: white;
  text-shadow: 1px 1px 2px rgba(0, 0, 0, 0.2);
  text-align: right;
  letter-spacing: 1px;
}

/* Clear floats */
.keys, .top {overflow: hidden;}

/* Applying same to the keys */
.keys span, .top span.clear {
  float: left;
  position: relative;
  top: 0;

  cursor: pointer;

  width: 66px;
  height: 36px;
```

```css
  background: white;
  border-radius: 3px;
  box-shadow: 0px 4px rgba(0, 0, 0, 0.2);

  margin: 0 7px 11px 0;

  color: #888;
  line-height: 36px;
  text-align: center;

  /* prevent selection of text inside keys */
  user-select: none;

  /* Smoothing out hover and active states using css3 transitions */
  transition: all 0.2s ease;
}

/* Remove right margins from operator keys */
/* style different type of keys (operators/evaluate/clear) differently */
.keys span.operator {
  background: #FFF0F5;
  margin-right: 0;
}

.keys span.eval {
  background: #f1ff92;
  box-shadow: 0px 4px #9da853;
  color: #888e5f;
}

.top span.clear {
  background: #ff9fa8;
  box-shadow: 0px 4px #ff7c87;
  color: white;
}

/* Some hover effects */
.keys span:hover {
  background: #9c89f6;
  box-shadow: 0px 4px #6b54d3;
  color: white;
}

.keys span.eval:hover {
```

```css
    background: #abb850;
    box-shadow: 0px 4px #717a33;
    color: #ffffff;
}


.top span.clear:hover {
    background: #f68991;
    box-shadow: 0px 4px #d3545d;
    color: white;
}

/* Simulating "pressed" effect on active state of the keys by removing the
box-shadow and moving the keys down a bit */
.keys span:active {
    box-shadow: 0px 0px #6b54d3;
    top: 4px;
}


.keys span.eval:active {
    box-shadow: 0px 0px #717a33;
    top: 4px;
}


.top span.clear:active {
    top: 4px;
    box-shadow: 0px 0px #d3545d;
}

</style>
```

```html
<script type="text/JavaScript">
  //Get all the keys from document
var keys = document.querySelectorAll('#calculator span');
var operators = ['+', '-', 'x', '÷'];
var decimalAdded = false;

//Add onclick event to all the keys and perform operations
for(var i = 0; i < keys.length; i++) {
  keys[i].onclick = function(e) {
     //Get the input and button values
     var input = document.querySelector('.screen');
     var inputVal = input.innerHTML;
     var btnVal = this.innerHTML;
```

```javascript
//Now, just append the key values (btnValue) to the input string and
//finally use JavaScript's eval function to get the result
//If clear key is pressed, erase everything
if(btnVal == 'C') {
    input.innerHTML = '';
    decimalAdded = false;
}

//If eval key is pressed, calculate and display the result
else if(btnVal == '=') {
    var equation = inputVal;
    var lastChar = equation[equation.length - 1];

    //Replace all instances of x and ÷ with * and / respectively. This
    //can be done easily using regex and the 'g' tag which will replace
    //all instances of the matched character/substring
    equation = equation.replace(/x/g, '*').replace(/÷/g, '/');

    //Final thing left to do is checking the last character of the
    //equation. If it's an operator or a decimal, remove it
    if(operators.indexOf(lastChar) > -1 || lastChar == '.')
        equation = equation.replace(/.$/, '');

    if(equation)
        input.innerHTML = eval(equation);

    decimalAdded = false;
}

//Basic functionality of the calculator is complete. But there are
//some problems like
//1. No two operators should be added consecutively.
//2. The equation shouldn't start from an operator except minus
//3. not more than 1 decimal should be there in a number

//We'll fix these issues using some simple checks

//indexOf works only in IE9+
else if(operators.indexOf(btnVal) > -1) {
    //Operator is clicked
    //Get the last character from the equation
    var lastChar = inputVal[inputVal.length - 1];

    //Only add operator if input is not empty and there is no operator
```

240

```
        at the last
        if(inputVal != '' && operators.indexOf(lastChar) == -1)
            input.innerHTML += btnVal;

        //Allow minus if the string is empty
        else if(inputVal == '' && btnVal == '-')
            input.innerHTML += btnVal;

        //Replace the last operator (if exists) with the newly pressed
        //operator
        if(operators.indexOf(lastChar) > -1 && inputVal.length > 1) {
            //Here, '.' matches any character while $ denotes the end of
            //string, so anything (will be an operator in this case) at the
            //end of string will get replaced by new operator
            input.innerHTML = inputVal.replace(/.$/, btnVal);
        }

        decimalAdded=false;
    }

    //Now only the decimal problem is left. We can solve it easily using
    //a flag 'decimalAdded' which we'll set once the decimal is added and
    //prevent more decimals to be added once it's set. It will be reset when
    //an operator, eval or clear key is pressed.
    else if(btnVal == '.') {
        if(!decimalAdded) {
            input.innerHTML += btnVal;
            decimalAdded = true;
        }
    }

    //if any other key is pressed, just append it
    else {
        input.innerHTML += btnVal;
    }

    //prevent page jumps
    e.preventDefault();
    }
}
</script>
```

JavaScript 计算器显示效果如图 21-3 所示。

图 21-3　JavaScript 计算器显示效果

21.2.2　代码分析

接下来着重分析 JavaScript 代码部分。

```
//Get all the keys from document
var keys = document.querySelectorAll('#calculator span');
var operators = ['+', '-', 'x', '÷'];
var decimalAdded = false;
```

上面的代码段将 HTML 元素中的 calculator id 下的所有 span 元素获取到 keys 变量中，即页面上所有的按键。之后将"+、-、×、÷"四则运算的操作放入到 operators 变量中，使用一个 decimalAdded 变量追踪小数点状态。

```
input.innerHTML
```

代码中的该变量为结果显示框，当每次操作界面需要改变显示值时，会改变这个变量的值。当然需要获取当前变量值时也会从 input.innerHTML 中得到变量的值。

接下来着重分析一下单击等于号时触发的事件。

```
//If eval key is pressed, calculate and display the result
else if(btnVal == '=') {
    var equation = inputVal;
    var lastChar = equation[equation.length - 1];

    //Replace all instances of x and ÷ with * and / respectively. This can
    //be done easily using regex and the 'g' tag which will replace all instances
    //of the matched character/substring
```

```
equation = equation.replace(/x/g, '*').replace(/÷/g, '/');

//Final thing left to do is checking the last character of the equation.
//If it's an operator or a decimal, remove it
if(operators.indexOf(lastChar) > -1 || lastChar == '.')
    equation = equation.replace(/.$/, '');

if(equation)
    input.innerHTML = eval(equation);

decimalAdded = false;
}
```

当触发等于号按钮单击事件时，会将所有的"×"和"÷"替换为 JavaScript 中可以进行运算的"*"和"/"，这里使用的是 replace 方法同时传入正则表达式，将字符串中所有的该符号同义替换。当所有的用户输入搜集完后，将最后的非法字符，例如多余的四则运算符号和小数点号删除，最后将整合的操作通过 eval 方法进行计算，再将结果传入到 input.innerHTML 中，显示出最终的运算结果。

思 考 题

1. 分析俄罗斯方块实例代码 21-1 和计算器实例代码 21-2，它们都使用了哪些 JavaScript 技术？
2. 分析计算器实例代码 21-2，分析其 CSS 如何控制页面显示的？

本部分小结

1．什么是 JavaScript

JavaScript 是一种动态的计算机编程语言。它是轻量级的，最常用作网页的一部分，用来实现客户端脚本与用户交互并渲染动态页面。它是一种具有面向对象功能的解释性编程语言。

JavaScript 首先被称为 LiveScript，但 Netscape 将其名称更改为 JavaScript，这可能是因为当时 Java 语言风靡一时。1995 年，JavaScript 首次在 Netscape 2.0 中出现，名称为 LiveScript。语言的通用核心已经嵌入在 Netscape、Internet Explorer 和其他网络浏览器中。

ECMA-262 规范定义了核心 JavaScript 语言的标准版本。

- JavaScript 是一种轻量级的解释型编程语言。
- 专门为创建以网络为中心的应用程序而设计。
- 与 Java 的补充和集成。
- 与 HTML 互补和集成。
- 开放和跨平台。

2．客户端 JavaScript

客户端 JavaScript 是最常见的语言形式。JavaScript 脚本应包含在 HTML 文档中或由 HTML 文档引用，以供浏览器解释。

这意味着网页不需要是静态 HTML，可以包括与用户交互的程序，控制浏览器，以及动态创建的 HTML 内容。

JavaScript 客户端机制相比于传统的 CGI 服务器端脚本，提供了许多优点。例如：可以使用 JavaScript 来检查用户是否在表单字段中输入了有效的电子邮件地址。

JavaScript 代码在用户提交表单时执行，只有所有条目都有效时，才会将其提交给 Web 服务器。

JavaScript 可用于捕获用户启动的事件，例如按钮单击、链接导航和用户显式或隐式启动的其他操作。

3．JavaScript 的优点

（1）较少的服务器交互：可以在将页面关闭到服务器之前验证用户输入。这样可以节省服务器流量，也意味着更少的服务器负载。

（2）立即反馈给访问者：他们不必等待页面重新加载。

（3）增加交互性：当用户用鼠标悬停在其上或通过键盘激活它们时，可以创建响应的界面。

（4）更丰富的界面：可以使用 JavaScript 来构建功能强大的组件，例如拖放组件和滑块等，为网站访问者提供丰富的界面。

4．JavaScript 的限制

不能将 JavaScript 视为完整的编程语言。它缺乏以下重要特征。

- 客户端 JavaScript 不允许读取或写入文件，这是为了安全原因而保存。
- JavaScript 不能用于网络应用程序，因为没有这样的支持可用。
- JavaScript 没有任何多线程或多处理器功能。

再次强调，JavaScript 是一种轻量级的解释型编程语言，JavaScript 可让静态 HTML 页面具备强大的交互功能。

5．JavaScript 开发工具

JavaScript 的主要优点之一是它不需要昂贵的开发工具。可以从简单的文本编辑器（如记事本）开始。由于它是 Web 浏览器上下文中的解释语言，所以甚至不需要购买编译器。

6．今天的 JavaScript 在哪里

ECMAScript Edition 5 标准将是四年来的首次更新。 JavaScript 2.0 符合 ECMAScript 标准的第 5 版，两者之间的区别是非常小的。JavaScript 2.0 的规范可以在以下站点找到：http://www.ecmascript.org/。

今天，Netscape 的 JavaScript 和 Microsoft 的 JScript 符合 ECMAScript 标准，尽管这两种语言仍然支持不属于标准的功能。

第五部分　综合样例

接下来通过三个综合样例来进一步说明 HTML、CSS、JavaScript 的使用。

第 22 章

管 理 系 统

接下来通过编写一个简单的教务管理系统来展示 HTML、CSS、JavaScript 的开发能力。教务管理系统界面如图 22-1 所示。

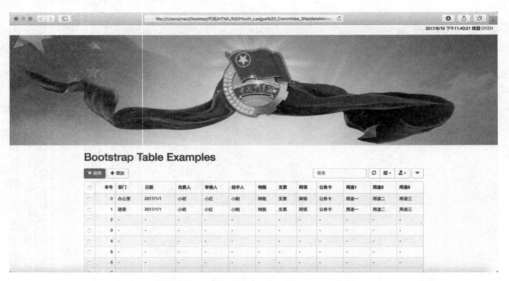

图 22-1 教务管理系统界面

22.1 类 库 准 备

首先分析一个管理系统最重要的是显示表格内容，为了支持更为优雅的表格显示，使用 BootStrap Table。BootStrap Table 相关使用可以参考官网 http://bootstrap-table.wenzhixin.net.cn/zh-cn/getting-started/。

此次编写会使用 jQuery、BootStrap、BootStrap Table 这三个类库。其中 jQuery 是 Google 公司提供的 JavaScript 第三方库，BootStrap 是最为著名的第三方 CSS 库，需要配合 jQuery 使用，BootStrap Table 则是在 jQuery 和 BootStrap 基础上编写的适合表格应用开发的第三方库。

22.2 主 页

主页效果见图 22-2。

图 22-2　主页效果

相关代码展示如代码 22-1 所示。

代码 22-1

```html
<!DOCTYPE html>
<html lang="en" class="no-js">

    <head>

        <meta charset="utf-8">
        <title>Administrative System</title>
        <meta name="viewport" content="width=device-width, initial-scale=1.0">
        <meta name="description" content="">
        <meta name="author" content="">

        <!-- CSS -->
        <link rel='stylesheet' href='http://fonts.googleapis.com/css?
family=PT+Sans:400,700'>
        <link rel="stylesheet" href="assets/css/reset.css">
        <link rel="stylesheet" href="assets/css/supersized.css">
        <link rel="stylesheet" href="assets/css/style.css">

        <!-- HTML5 shim, for IE6-8 support of HTML5 elements -->
        <!--[if lt IE 9]>
            <script src="http://html5shim.googlecode.com/svn/trunk/html5.js">
            </script>
        <![endif]-->
```

```
    </head>

    <body>

        <div class="page-container">
            <h1>登录</h1>
            <form action="" method="post">
                <input type="text" name="username" class="username"
                placeholder="用户名">
                <input type="password" name="password" class="password"
                placeholder="密码">
                <a href="switchPage.html"><button type="submit">登录
                </button></a>

                <div class="error"><span>+</span></div>
            </form>

        <!-- JavaScript -->
        <script src="js/jquery-1.11.3.min.js"></script>
        <script src="assets/js/supersized.3.2.7.min.js"></script>
        <script src="assets/js/supersized-init.js"></script>
        <script src="assets/js/scripts.js"></script>

    </body>

</html>
```

这里使用了一个模板主题，可以通过设置 assets/js 下面的 supersized-init 文件可以指定页面的切换效果。

```
jQuery(function($){

    $.supersized({

    //Functionality
    slide_interval      : 4000, //Length between transitions
    transition          : 1,    //0-None, 1-Fade, 2-Slide Top, 3-Slide
                                //Right, 4-Slide Bottom, 5-Slide Left,
                                //6-Carousel Right, 7-Carousel Left
    transition_speed    : 1000,   //Speed of transition
    performance         : 1,   //0-Normal, 1-Hybrid speed/quality,
                                //2-Optimizes image quality, 3-Optimizes
                                //transition speed(Only works for
                                //Firefox/IE, not Webkit)

    //Size & Position
```

```
min_width         : 0, //Min width allowed (in pixels)
min_height        : 0, //Min height allowed (in pixels)
vertical_center   : 1, //Vertically center background
horizontal_center : 1, //Horizontally center background
fit_always        : 0, //Image will never exceed browser width or
                       //height (Ignores min. dimensions)
fit_portrait      : 1, //Portrait images will not exceed browser height
fit_landscape     : 0, //Landscape images will not exceed browser width

//Components
slide_links       : 'blank', //Individual links for each slide
                       //(Options: false, 'num', 'name', 'blank')
slides            :[    //Slideshow Images
                    {image : 'assets/img/backgrounds/1.jpg'},
                    {image : 'assets/img/backgrounds/2.jpg'},
                    {image : 'assets/img/backgrounds/3.jpg'}
                   ]

    });

});
```

通过设置 slides 内部的 json 数据包含的路径来控制使用那几张图片作为随机背景。

22.3　数据展示页面

管理系统的数据展示页面如图 22-3 所示。

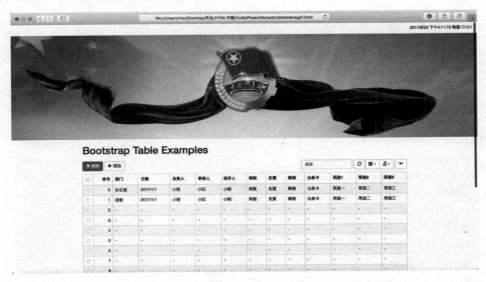

图 22-3　管理系统的数据展示页面

管理系统的数据展示页面的代码如代码 22-2 所示。

代码 22-2

```html
<!DOCTYPE html>
<html lang="en">
<head>
<meta charset="UTF-8">
<meta http-equiv="X-UA-Compatible" content="IE=edge">
<meta name="viewport" content="width=device-width, initial-scale=1">
<title>LGC Administrator</title>
<!-- Bootstrap -->
<link rel="stylesheet" href="css/bootstrap.css">
<link rel="stylesheet" href="css/bootstrap-table.css">
<link rel="stylesheet" href="css/customizedStyle.css">
</head>
<body>
<div class="container-fluid">
<form class="navbar-form navbar-right">
<time></time>
<label>欢迎</label>
   <a>OYZH</a>
</form>
<!-- /.container-fluid -->
</div>


<div class="OYZHDiv">
<img src="images/bgTop.jpg">
</div>

 <div class="container">
   <h1>Bootstrap Table Examples</h1>
  <div id="toolbar">
     <button id="addBtn" class="btn btn-default"><i class="glyphicon
     glyphicon-plus"></i> 添加</button>
   </div>
<table
 id="table"
 data-show-export="true"
 data-click-to-select="true"
 data-toggle="table"
 data-height="600"
 data-toolbar="#toolbar"
 data-pagination="true"
 data-url="data/data1.json"
 data-search="true"
```

```html
        data-id-table="advancedTable"
        data-advanced-search="true"
        data-page-list="[10, 25, 50, 100, ALL]"
        >
        <thead>
            <tr>
                <th data-field="state" data-checkbox="true"></th>
                <th data-field="id" data-align="right">单号</th>
                <th data-field="department" data-align="" >部门</th> <!--data-
                editable="true"-->
                <th data-field="date" data-align="">日期</th>
                <th data-field="chargeMan" data-align="">负责人</th>
                <th data-field="checkMan" data-align="">审核人</th>
                <th data-field="transactionMan" data-align="">经手人</th>
                <th data-field="transfer" data-align="">转账</th>
                <th data-field="bill" data-align="">支票</th>
                <th data-field="internetBank" data-align="">网银</th>
                <th data-field="card" data-align="">公务卡</th>
                <th data-field="affair1" data-align="">用途1</th>
                <th data-field="affair2" data-align="">用途2</th>
                <th data-field="affair3" data-align="">用途3</th>
            </tr>
        </thead>
</table>
    </div>

<div class="OYZHDiv">
    <div style="position: relative"></div>
    <img src="images/bg-Bottom.png"></img>
</div>
<footer class="text-center">
    <div class="container">
        <div class="row">
            <div class="col-xs-12">
                <p>Copyright © HTML/CSS/JS Tutorial. All rights reserved.</p>
            </div>

        </div>
    </div>
</footer>
<!-- / FOOTER -->
<!-- jQuery (necessary for Bootstrap's JavaScript plugins) -->
<script src="js/jquery-1.11.3.min.js"></script>
<script src="js/bootstrap-table.js"></script>
```

```
<script src="js/bootstrap-table-export.js"></script>
<script src="js/bootstrap-table-toolbar.js"></script>
<script src="js/bootstrap-table-zh-CN.min.js"></script>
<script src="js/tableExport.js"></script>

<!-- Include all compiled plugins (below), or include individual files as
needed -->
<script src="js/bootstrap.js"></script>
<script src="js/customizedJS.js"></script>
<script src="js/inputWindow.js"></script>
</body>
</html>
```

上面代码中值得注意的是，定义 BootStrap Table 属性的代码段。

```
<table  id="table"  data-show-export="true"  data-click-to-select="true"
data-toggle="table" data-height="600" data-toolbar="#toolbar"
     data-pagination="true" data-url="data/data1.json" data-search="true"
     data-id-table="advancedTable" data-advanced-search="true"
     data-page-list="[10, 25, 50, 100, ALL]">
```

当在 script 中包含了 BootStrap Table 的 js 文件以及在 CSS 中引用了 BootStrap Table 的
CSS 文件后。

```
<link rel="stylesheet" href="css/bootstrap-table.css">
......
<script src="js/bootstrap-table.js"></script>
```

id="table"的元素就会被主动地修改成 BootStrap Table 的样式，例如：在 table 标签中
指定 data-show-export="true"，则代表显示导出数据的功能，会显示出下面的控件支持数据
导出为 TXT、CSV 等文件格式。data-show-export 的界面如图 22-4 所示。

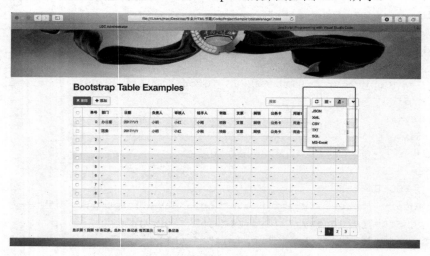

图 22-4   data-show-export 控件的界面

再例如 data-url 可以指定 table 的数据来源，data-url="data/data1.json"字段表示表格数据的来源为相对网页文件为 data/data1.json 路径下的 json 文件。打开 data/data1.json 文件可以看到这样的数据内容。

```json
[
    {
        "id":0,
        "department":"办公室",
        "date":"2017/1/1",
        "chargeMan":"小明",
        "checkMan":"小红",
        "transactionMan":"小刚",
        "transfer":"转账",
        "bill":"支票",
        "internetBank":"网银",
        "card":"公务卡",
        "affair1":"用途一",
        "affair2":"用途二",
        "affair3":"用途三"
    },
    {
        "id":1,
        "department":"团委",
        "date":"2017/1/1",
        "chargeMan":"小明",
        "checkMan":"小红",
        "transactionMan":"小刚",
        "transfer":"转账",
        "bill":"支票",
        "internetBank":"网银",
        "card":"公务卡",
        "affair1":"用途一",
        "affair2":"用途二",
        "affair3":"用途三"
    },
    {
        "id": 2,
        "name": "test2",
        "price": "$2"
    },
    {
        "id": 3,
        "name": "test3",
        "price": "$3"
    },
```

```
    {
        "id": 4,
        "name": "test4",
        "price": "$4"
    },
    {

        "id": 5,
        "name": "test5",
        "price": "$5"
    },
    {
        "id": 6,
        "name": "test6",
        "price": "$6"
    },
    {

        "id": 7,
        "name": "test7",
        "price": "$7"
    },
    {

        "id": 8,
        "name": "test8",
        "price": "$8"
    },
    {

        "id": 9,
        "name": "test9",
        "price": "$9"
    },
    {

        "id": 10,
        "name": "test10",
        "price": "$10"
    },
    {

        "id": 11,
        "name": "test11",
        "price": "$11"
    },
    {

        "id": 12,
        "name": "test12",
        "price": "$12"
    },
```

```
    {
        "id": 13,
        "name": "test13",
        "price": "$13"
    },
    {
        "id": 14,
        "name": "test14",
        "price": "$14"
    },
    {
        "id": 15,
        "name": "test15",
        "price": "$15"
    },
    {
        "id": 16,
        "name": "test16",
        "price": "$16"
    },
    {
        "id": 17,
        "name": "test17",
        "price": "$17"
    },
    {
        "id": 18,
        "name": "test18",
        "price": "$18"
    },
    {
        "id": 19,
        "name": "test19",
        "price": "$19"
    },
    {
        "id": 20,
        "name": "test20",
        "price": "$20"
    }
]
```

以上的数据是标准的 json 数据，即一种键值对的数据结构，可以方便地显示与这类的键值对相关的数据。

另外一个值得注意的是右上角的时间显示控件，这里编写了一个十分简单的 JavaScript

代码来实现时间的显示，主要利用到了 JavaScript 自带的 Date()方法。查看 js/customizedJs.js 文件，可以发现里面的这段代码。

```javascript
$(function(){
    setInterval(function(){
        $("time").text(new Date().toLocaleString());
    },1000);
});
```

通过使用 jQuery 选择器$选择页面上的 time 元素，再通过 text()方法设置其内部的 HTML 文字为当前时间；当前时间通过 Date().toLocalString()将时间转换为一个 String 变量来完成显示，神奇的是 Date().toLocalString()会根据当前浏览器语言设置自动翻译时间，十分方便。时间显示界面如图 22-5 所示。

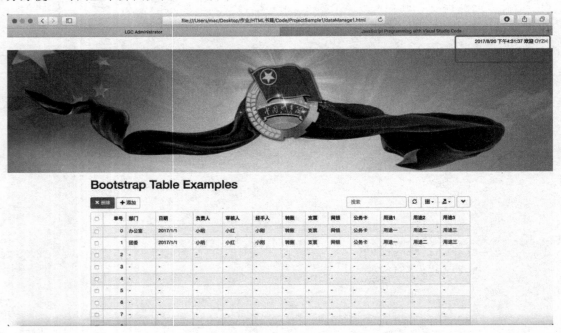

图 22-5 时间显示界面

接下来通过另一个页面进一步的了解 BootStrap Table 在开发管理系统时的使用。

22.4 用户管理页面

用户管理界面如图 22-6 所示。

使用框架的最大好处就是可以快速搭建类似的网页。例如使用 BootStrap Table 可以快速地建立表格页面。用户管理也可以同数据管理一样使用表格的形式展现出来。用户管理界面代码见代码 22-3。

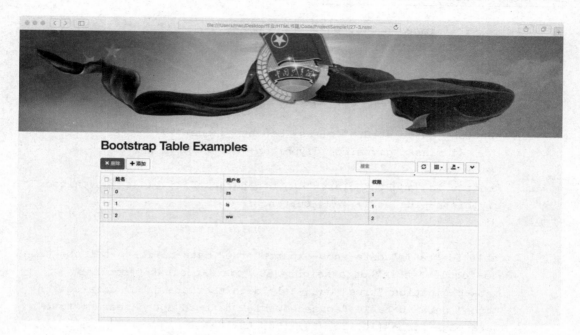

图 22-6 用户管理界面

代码 22-3

```
<!DOCTYPE html>
<html lang="en">

<head>
  <meta charset="UTF-8">
  <meta http-equiv="X-UA-Compatible" content="IE=edge">
  <meta name="viewport" content="width=device-width, initial-scale=1">
  <title>LGC Administrator</title>
  <!-- Bootstrap -->
  <link rel="stylesheet" href="css/bootstrap.css">
  <link rel="stylesheet" href="css/bootstrap-table.css">
  <link rel="stylesheet" href="css/customizedStyle.css">
</head>

<body>
  <div class="container-fluid">
    <form class="navbar-form navbar-right">
      <time></time>
      <label>欢迎</label>
      <a>OYZH</a>
    </form>
  </div>

  <div class="OYZHDiv">
```

```html
    <img src="images/bgTop.jpg">
  </div>

  <div class="container">
    <h1>Bootstrap Table Examples</h1>
    <div id="toolbar">
      <button id="deleteBtn" class="btn btn-danger">
          <i class="glyphicon glyphicon-remove"></i> 删除
        </button>
      <button id="addBtn" class="btn btn-default"><i class="glyphicon
      glyphicon-plus"></i> 添加</button>
    </div>

    <table id="table" data-show-export="true" data-click-to-select="true"
    data-toggle="table" data-height="600" data-toolbar="#toolbar"
      data-pagination="true" data-url="data/userData.json" data-search=
      "true" data-id-table="advancedTable" data-advanced-search="true"
      data-page-list="[10, 25, 50, 100, ALL]">

      <thead>
        <tr>
          <th data-field="state" data-checkbox="true"></th>
          <th data-field="id" data-align="">姓名</th>
          <th data-field="userName" data-align="">用户名</th>
          <!--data-editable="true"-->
          <th data-field="limit" data-align="">权限</th>
        </tr>
      </thead>
    </table>
  </div>

  <div class="OYZHDiv">
    <div style="position: relative"></div>
    <img src="images/bg-Bottom.png"></img>
  </div>
  <footer class="text-center">
    <div class="container">
      <div class="row">
        <div class="col-xs-12">
          <p>Copyright © HTML/CSS/JS Tutorial. All rights reserved.</p>
        </div>

      </div>
    </div>
  </footer>
```

```
<!-- / FOOTER -->
<!-- jQuery (necessary for Bootstrap's JavaScript plugins) -->
<script src="js/jquery-1.11.3.min.js"></script>
<script src="js/bootstrap-table.js"></script>

<script src="js/bootstrap-table-export.js"></script>
<script src="js/bootstrap-table-toolbar.js"></script>
<script src="js/bootstrap-table-zh-CN.min.js"></script>
<script src="js/tableExport.js"></script>

<!-- Include all compiled plugins (below), or include individual files as
needed -->
<script src="js/bootstrap.js"></script>
<script src="js/customizedJS.js"></script>
<script src="js/inputWindow.js"></script>
</body>

</html>
```

注意其中表格定义语句。

```
<table  id="table"  data-show-export="true"  data-click-to-select="true"
data-toggle="table" data-height="600" data-toolbar="#toolbar"
 data-pagination="true" data-url="data/userData.json" data-search="true"
 data-id-table="advancedTable" data-advanced-search="true"
 data-page-list="[10, 25, 50, 100, ALL]">

  <thead>
    <tr>
      <th data-field="state" data-checkbox="true"></th>
      <th data-field="id" data-align="">姓名</th>
      <th data-field="userName" data-align="">用户名</th>
      <!--data-editable="true"-->
      <th data-field="limit" data-align="">权限</th>
    </tr>
  </thead>
</table>
```

只需要在 table 的头标签中定义需要的控件，然后填写好对应的表格头信息（data-field），就能够快速的构建表格。

（1）添加用户

添加用户过程即添加用户界面和添加用户效果界面如图 22-7、图 22-8 所示。

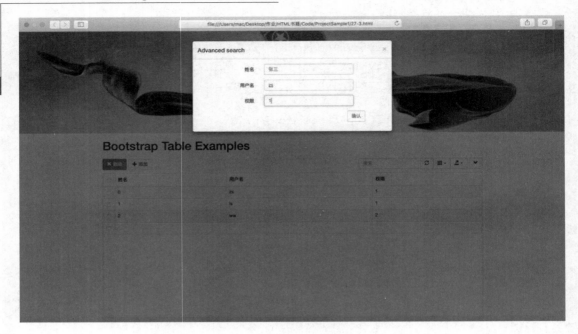

图 22-7　添加用户界面

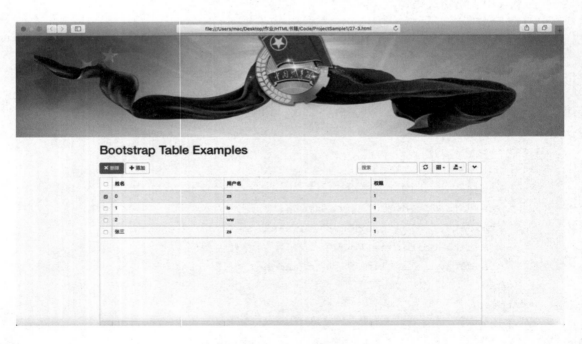

图 22-8　添加用户效果界面

（2）搜索用户

搜索用户界面如图 22-9 所示。

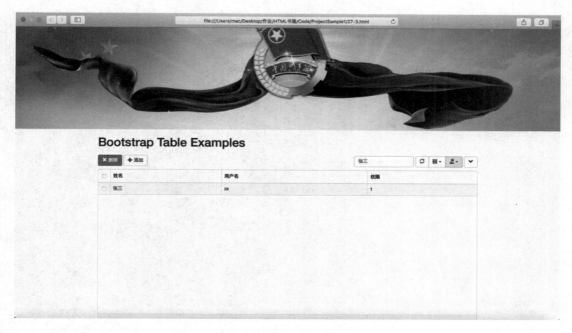

图 22-9　搜索用户界面

（3）数据导出

数据导出功能效果如图 22-10 所示。

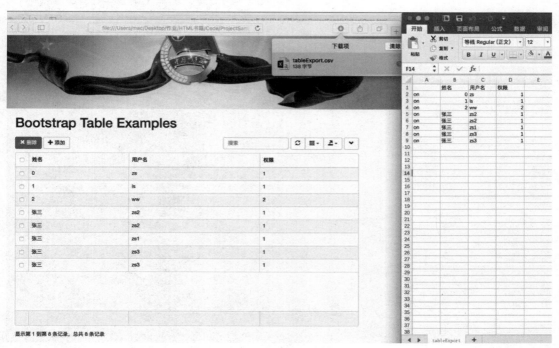

图 22-10　数据导出功能效果

更多关于 BootStrap Table 的信息可以参阅其官网：http://bootstrap-table.wenzhixin.net.cn。

思 考 题

1．查看了解 BootStrap-Table 在 Github 上的源码。
2．分析工程中管理系统另外几个页面的源码，观察这些网页运用了什么共同的 HTML、CSS、JavaScript 技术。

第 23 章 | 游戏 2048

23.1 界 面

接下来提供一个 2048 游戏的 JavaScript 实现，同时提供少量 HTML 和 CSS 代码显示界面。2048 小游戏界面如图 23-1 所示。

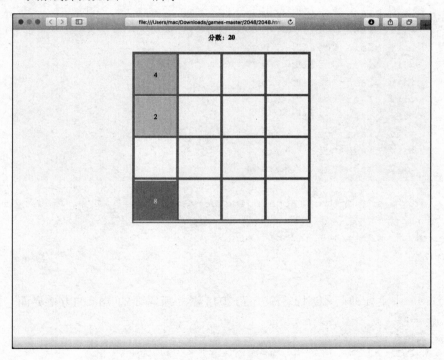

图 23-1　2048 小游戏界面

23.2 代 码

23.2.1 HTML

```
<html>

<head>
```

```html
    <meta charset="utf-8">
    <title>2048 小游戏</title>
    <link href="2048.css" media="all" rel="stylesheet" />
</head>

<body>
    <h3 id="score">分数：0</h3>
    <div class="g2048">
        <div class="cell"></div>
        <div class="cell"></div>
        <div class="cell"></div>
        <div class="cell"></div>
        <div class="cell"></div>
        <div class="cell"></div>
        <div class="cell"></div>
        <div class="cell"></div>
        <div class="cell"></div>
        <div class="cell"></div>
        <div class="cell"></div>
        <div class="cell"></div>
        <div class="cell"></div>
        <div class="cell"></div>
        <div class="cell"></div>
        <div class="cell"></div>
    </div>
    <script src="http://apps.bdimg.com/libs/jquery/1.8.1/jquery.min.js">
    </script>
    <script src="2048.js"></script>
</body>
</html>
```

在 HTML 中主要使用 div 标签画出了 2048 游戏所需要的 4×4 的方格界面，同时提供一个分数显示框。

23.2.2　CSS

```css
* {
    box-sizing: border-box;
}
h3{
    text-align:center;
}
.g2048{
    border: 4px solid #bbad9e;
    width: 500px;
```

```
        height: 500px;
        margin: 30px auto;
        position: relative;
}
.cell{
        float: left;
        height: 25%;
        width: 25%;
        box-sizing:border-box;
        border: 4px solid #bbad9e;
}
.number_cell{
        position: absolute;
        box-sizing:border-box;
        width: 25%;
        height: 25%;
        padding: 4px;
        left: 0;
        top: 0;
        transition: all 0.2s;
        color: #fff;
        font-size: 20px;
}
.number_cell_con{
        width: 100%;
        height: 100%;
        text-align: center;
        position: relative;
}
.number_cell_con span{
        position: absolute;
        top: 50%;
        margin-top: -0.5em;
        left: 0;
        right: 0;
}
/*位置*/
.p00{left:0;top:0;} .p01{left:0; top:25%;} .p02{left:0; top:50%;}
.p03{left:0; top:75%;} .p10{left:25%; top:0;} .p11{left:25%; top:25%;}
.p12{left:25%; top:50%;} .p13{left:25%; top:75%;} .p20{left:50%; top:0;}
.p21{left:50%; top:25%;} .p22{left:50%; top:50%;} .p23{left:50%; top:75%;}
.p30{left:75%; top:0;} .p31{left:75%; top:25%;} .p32{left:75%; top:50%;}
.p33{left:75%; top:75%;}
/*颜色*/
.n2{background: #eee4da; color: #000;} .n4{background: #ece0c8; color:
```

```
#000;} .n8{background:#f3b179;} .n16{background:#f59563;} .n32{backg
round:#f67c5f;} .n64{background:#f65e3c;} .n128{background:#edce71;}
.n256{background:#eccb61;} .n512{background:#edc750;} .n1024{backgrou
nd:#edc631;} .n2048{background:#edc12f; }
```

CSS 定义了游戏中界面元素的样式，例如：

```
.g2048{
    border: 4px solid #bbad9e;
    width: 500px;
    height: 500px;
    margin: 30px auto;
    position: relative;
}
```

这段代码说明 g2048 类的元素（即 HTML 中的<div class="g2048">），应当显示为 4px 的颜色为#bbad9e 的描边；控件宽度和高度为 500px；上外边距和下外边距是 30px；右外边距和左外边距则根据页面缩放状态自动计算；控件的位置是相对的，因而可以适应不同的页面缩放（一直悬浮在页面中央）。

23.2.3 JavaScript

下面代码 23-1 提供了 2048 的 JavaScript 源码。

代码 23-1

```
function G2048(){
    this.addEvent();
}

G2048.prototype = {
    constructor:G2048,
    init:function(){
        this.score = 0;
        this.arr = [];
        this.moveAble = false;
        $("#score").html("分数：0");
        $(".number_cell").remove();
        this.creatArr();
    },
    creatArr:function(){
        /*生成原始数组,随机创建前两个格子*/
        var i,j;
        for (i = 0; i < 4; i++) {
            this.arr[i] = [];
            for (j = 0; j < 4; j++) {
                this.arr[i][j] = {};
```

```javascript
                this.arr[i][j].value = 0;
            }
        }
        //随机生成前两个。并且不重复
        var i1,i2,j1,j2;
        do{
            i1=getRandom(3),i2=getRandom(3),j1=getRandom(3),j2=getRandom(3);
        }while(i1==i2 && j1 == j2);

        this.arrValueUpdate(2,i1,j1);
        this.arrValueUpdate(2,i2,j2);
        this.drawCell(i1,j1);
        this.drawCell(i2,j2);
    },
    drawCell:function(i,j){
        /*画一个新格子*/
        var item = '<div class="number_cell p'+i+j+'" ><div class="number_
        cell_con n2"><span>'
        +this.arr[i][j].value+'</span></div> </div>';
        $(".g2048").append(item);
    },
    addEvent:function(){
        //添加事件
        var that = this;
        document.onkeydown=function(event){
            var e = event || window.event || arguments.callee.caller.
            arguments[0];
            var direction = that.direction;
            var keyCode = e.keyCode;

            switch(keyCode){
                case 39:                  //右
                that.moveAble = false;
                that.moveRight();
                that.checkLose();
                break;
                case 40:                  //下
                that.moveAble = false;
                that.moveDown();
                that.checkLose();
                break;
                case 37:                  //左
                that.moveAble = false;
                that.moveLeft();
                that.checkLose();
```

```
                break;
                case 38://上
                that.moveAble = false;
                that.moveUp();
                that.checkLose();
                break;
            }
        };
    },
    arrValueUpdate:function(num,i,j){
        /*更新一个数组的值*/
        this.arr[i][j].oldValue = this.arr[i][j].value;
        this.arr[i][j].value = num;
    },
    newCell:function(){
        /*在空白处掉下来一个新的格子*/
        var i,j,len,index;
        var ableArr = [];
        if(this.moveAble != true){
            console.log('不能增加新格子，请尝试其他方向移动！');
            return;
        }
        for (i = 0; i < 4; i++) {
            for (j = 0; j < 4; j++) {
                if(this.arr[i][j].value == 0){
                    ableArr.push([i,j]);
                }
            }
        }
        len = ableArr.length;
        if(len > 0){
            index = getRandom(len);
            i = ableArr[index][0];
            j = ableArr[index][1];
            this.arrValueUpdate(2,i,j);
            this.drawCell(i,j);
        }else{
            console.log('没有空闲的格子了！');
            return;
        }

    },
    moveDown:function(){
        /*向下移动*/
        var i,j,k,n;
```

```
for (i = 0; i < 4; i++) {
    n = 3;
    for (j = 3; j >= 0; j--) {
        if(this.arr[i][j].value==0){
            continue;
        }
        k = j+1;
        aa:
        while(k<=n){
            if(this.arr[i][k].value == 0){
                if(k == n || (this.arr[i][k+1].value!=0 && this.arr[i]
                [k+1].value!=this.arr[i][j].value)){
                    this.moveCell(i,j,i,k);
                }
                k++;

            }else{
                if(this.arr[i][k].value == this.arr[i][j].value){
                    this.mergeCells(i,j,i,k);
                    n--;
                }
                break aa;
            }


        }
    }
}
this.newCell();//生成一个新格子，后面要对其做判断
},
moveUp:function(){
    /*向上移动*/
    var i,j,k,n;
    for (i = 0; i < 4; i++) {
        n=0;
        for (j = 0; j < 4; j++) {
            if(this.arr[i][j].value==0){
                continue;
            }
            k = j-1;
            aa:
            while(k>=n){
                if(this.arr[i][k].value == 0){
                    if(k == n || (this.arr[i][k-1].value!=0 &&
                    this.arr[i][k-1].value!=this.arr[i][j].value)){
                        this.moveCell(i,j,i,k);
```

```
                }
                k--;
            }else{
                if(this.arr[i][k].value == this.arr[i][j].value){
                    this.mergeCells(i,j,i,k);
                    n++;
                }
                break aa;
            }


        }
      }
    }
    this.newCell();//生成一个新格子，后面要对其做判断
},
moveLeft:function(){
    /*向左移动*/
    var i,j,k,n;

    for (j = 0; j < 4; j++) {
        n=0;
        for (i = 0; i < 4; i++) {
            if(this.arr[i][j].value==0){
                continue;
            }
            k=i-1;
            aa:
            while(k>=n){
                if(this.arr[k][j].value == 0){
                    if(k == n || (this.arr[k-1][j].value!=0 &&
                    this.arr[k-1][j].value!=this.arr[i][j].value)){
                        this.moveCell(i,j,k,j);
                    }
                    k--;
                }else{
                    if(this.arr[k][j].value == this.arr[i][j].value){
                        this.mergeCells(i,j,k,j);
                        n++;
                    }
                    break aa;
                }

            }
        }
    }
}
```

```
            this.newCell();//生成一个新格子，后面要对其做判断
    },
    moveRight:function(){
        /*向右移动*/
        var i,j,k,n;
        for (j = 0; j < 4; j++) {
            n = 3;
            for (i = 3; i >= 0; i--) {
                if(this.arr[i][j].value==0){
                    continue;
                }
                k = i+1;
                aa:
                while(k<=n){
                    if(this.arr[k][j].value == 0){
                        if(k == n || (this.arr[k+1][j].value!=0 &&
                        this.arr[k+1][j].value!=this.arr[i][j].value)){
                            this.moveCell(i,j,k,j);
                        }
                        k++;

                    }else{
                        if(this.arr[k][j].value == this.arr[i][j].value){
                            this.mergeCells(i,j,k,j);
                            n--;
                        }
                        break aa;
                    }
                }
            }
        }

        this.newCell();//生成一个新格子，后面要对其做判断
    },
    mergeCells:function(i1,j1,i2,j2){
        /*移动并合并格子*/
        var temp = this.arr[i2][j2].value;
        var temp1 = temp * 2;
        this.moveAble = true;
        this.arr[i2][j2].value = temp1;
        this.arr[i1][j1].value = 0;
        $(".p"+i2+j2).addClass('toRemove');
        var theDom = $(".p"+i1+j1).removeClass("p"+i1+j1).addClass("p"+i2+
        j2).find('.number_cell_con');
        setTimeout(function(){
```

```
            $(".toRemove").remove();//这个写法不太好
            theDom.addClass('n'+temp1).removeClass('n'+temp).find('span')
            .html(temp1);
        },200);//200毫秒是移动耗时。
        this.score += temp1;
        $("#score").html("分数: "+this.score);
        if(temp1 == 2048){
            alert('you win!');
            this.init();
        }
    },
    moveCell:function(i1,j1,i2,j2){
        /*移动格子*/
        this.arr[i2][j2].value = this.arr[i1][j1].value;
        this.arr[i1][j1].value = 0;
        this.moveAble = true;
        $(".p"+i1+j1).removeClass("p"+i1+j1).addClass("p"+i2+j2);
    },
    checkLose:function(){
        /*判输*/
        var i,j,temp;
        for (i = 0; i < 4; i++) {
            for (j = 0; j < 4; j++) {
                temp = this.arr[i][j].value;
                if(temp == 0){
                    return false;
                }
                if(this.arr[i+1] && (this.arr[i+1][j].value==temp)){
                    return false;
                }
                if((this.arr[i][j+1]!=undefined) && (this.arr[i][j+1]
                .value==temp)){
                    return false;
                }
            }
        }
        alert('you lose!');
        this.init();
        return true;
    }
}


//生成随机正整数0~n之间
function getRandom(n){
    return Math.floor(Math.random()*n)
```

```
    }

var g = new G2048();
g.init();
```

JavaScript 在这里主要实现了下面九个功能。

（1）初始化的时候随机生成两个为 2 的格子。注意处理掉两个格子生成到一个格子上的现象。

（2）方块的移动和合并，方块移动的动画。根据移动后的值，改变方块的颜色。注意操作的顺序。颜色主要是添加和移除 2～2048 所代表的颜色的 class。位置也添加和移除对应位置所代表的类。动画则是用 CSS3 进行的过渡。

（3）判断某个方向上不能移动，不能出现新的格子。

（4）随机在空白处出现下一块。

（5）判输。需要满足条件：① 没有空格子；② 横方向上没有相邻且相等的方块；③ 纵方向上没有相邻且相等的方块。如果这三项中的任何一项不满足都没输。

（6）判赢。某个格子的值达到 2048。

（7）分数。在任意两个格子合并时，分数增加合并之后方块的值。

（8）包裹 div 的大小任意设置，方块中的数字始终垂直居中。

（9）核心算法是判断每个格子移动到什么位置，以及应不应该合并。

这里使用的方法是，循环到每一个格子。然后再将这个格子的值，依次去跟它移动方向上的下一位做比较。如果下一位是空，则可以继续跟下一位比较，直到比较到下一位不是空且跟当前比较值相等或不相等或遇到比较的边界（之前有合并的值对应的格子或移动方向上最后一格）为止。判断是移动并合并还是只移动，最终的移动方位值。

以上代码在代码 23-1 中可查找到。

思 考 题

1. 尝试改变游戏难度，让出现 1024 时即判定胜利。
2. 改变游戏界面，将游戏方块颜色变成红色。

第 24 章 个人网站

接下来将介绍使用 wordpress 搭建一个属于自己的个人网站。

24.1 准 备

（1）进入腾讯云官网 https://cloud.tencent.com。腾讯云官网界面如图 24-1 所示。

图 24-1 腾讯云官网界面

（2）直接选择建站方案。腾讯云建站方案界面如图 24-2 所示。

图 24-2　腾讯云建站方案界面

（3）购买之后可以看到服务器。腾讯云服务器界面如图 24-3 所示。

图 24-3　腾讯云服务器界面

24.2 WordPress 部署

24.2.1 服务器镜像安装

（1）安装 Web 环境（腾讯云有已经集成的环境镜像可以选择，这里选择合适的镜像即可）。腾讯云界面、腾讯云安装系统界面、腾讯云镜像选择界面如图 24-4、图 24-5、图 24-6 所示。

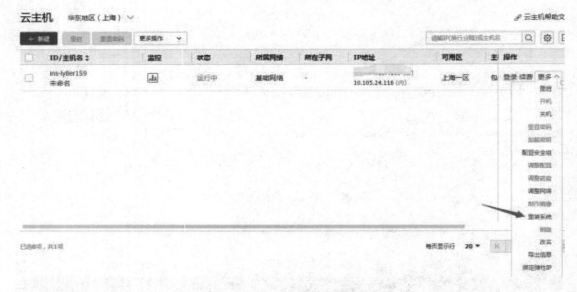

图 24-4　腾讯云界面

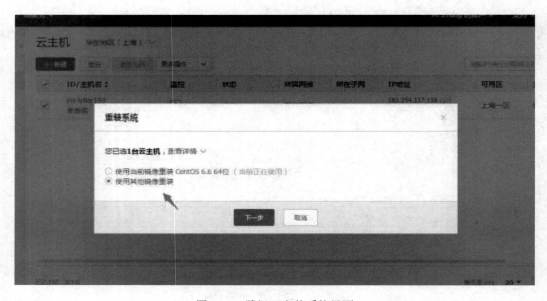

图 24-5　腾讯云安装系统界面

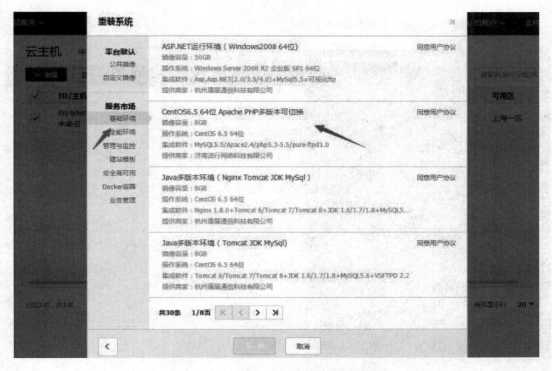

图 24-6　腾讯云镜像选择界面

（2）以上是重装系统，系统里已经自带 Web 环境，这里选择 LAMP（Linux/Apache/MySQL/PHP）。确认安装界面如图 24-7 所示。

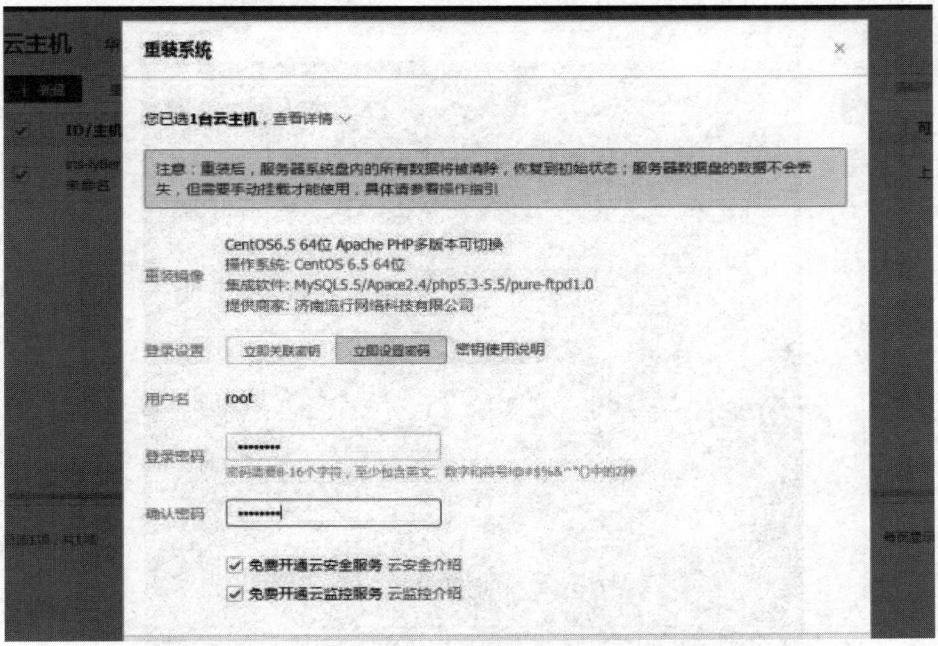

图 24-7　确认安装界面

（3）登录腾讯云界面，如图 24-8 所示。

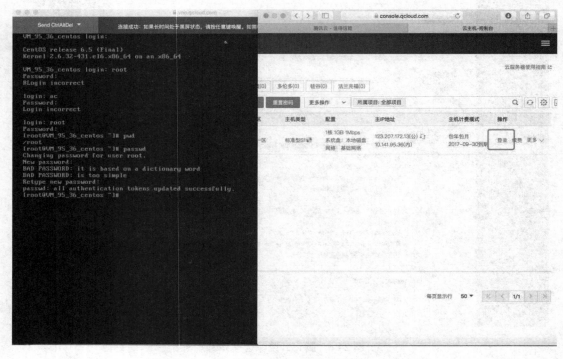

图 24-8　登录腾讯云界面

（4）查看镜像提供默认信息。可以在根目录下查看 WordPress，以及 ftp 等服务的默认密码。镜像默认信息界面如图 24-9 所示，输入 cat default.pass 即可。

图 24-9　镜像默认信息界面

24.2.2　WordPress 初始化

（1）通过 IP 地址进入 WordPress。WordPress 登录界面如图 24-10 所示。

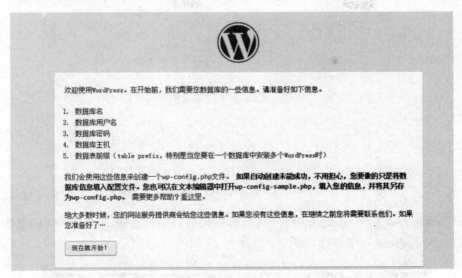

图 24-10　WordPress 登录界面

（2）填写数据库，管理员信息。WordPress 信息填写界面如图 24-11 所示。

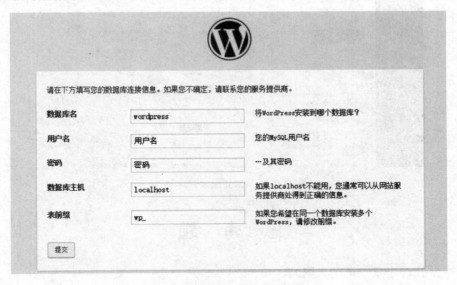

图 24-11　WordPress 信息填写界面

24.3　个人网站使用

管理员登录。WordPress 管理登录界面如图 24-12 所示。

图 24-12 WordPress 管理登录界面

使用 WordPress 提供的 admin 账号可以对网站进行最高权限的修改，例如增加内容、修改主题。WordPress 管理界面如图 24-13 所示。

图 24-13 WordPress 管理界面

思 考 题

1. 根据教程建立一个个人网站。
2. 自定义个人网站里的内容，完成网站搭建。

本部分小结

通过这一部分学习，相信读者能够更深切地感受到 HTML、CSS、JavaScript 的魅力，网页制作技术可以应用在众多场景下，完成许多有趣的任务。

后　记

　　希望读者通过阅读此书能够对 HTML、CSS、JavaScript 有一个基本的认识，能够使用这三种编程工具完成常见的网页制作和开发任务。还有其他很多的知识在本书中并未提及，一方面是考虑到网页开发技术实则千变万化，不能一一列举；另一方面是更希望读者能够自由探索，在遇到问题时可以自主探索与学习。

参 考 文 献

[1]　Jon Duckett. HTML、XHTML、CSS 与 JavaScript 入门经典[M]. 王德才，吴明飞，姜少孟，译. 北京：清华大学出版社，2011.

[2]　王爱华，王轶凤，吕凤顺. HTML+CSS+JavaScript 网页制作简明教程[M]. 北京：清华大学出版社，2014.

[3]　刘西杰，柳林. HTML、CSS、JavaScript 网页制作从入门到精通[M]. 北京：人民邮电出版社，2013.

[4]　巅峰卓越. 移动 Web 开发从入门到精通[M]. 北京：人民邮电出版社，2017.

[5]　文杰书院. Dreamweaver CC6 网页设计与制作基础教程[M]. 北京：清华大学出版社，2016.

[6]　Lopes C T，Franz M，Kazi F，et al. Cytoscape Web: an interactive web-based network browser[J]. Bioinformatics，2010，26(18)：2347-8.

[7]　Matthews C R，Truong S. System and method for community interfaces: US，US 20030050986 A1[P]. 2003.

[8]　Pacifici G，Youssef A. Markup system for shared HTML documents: US，US6230171[P]. 2001.

图 书 资 源 支 持

感谢您一直以来对清华版图书的支持和爱护。为了配合本书的使用,本书提供配套的资源,有需求的读者请扫描下方的"书圈"微信公众号二维码,在图书专区下载,也可以拨打电话或发送电子邮件咨询。

如果您在使用本书的过程中遇到了什么问题,或者有相关图书出版计划,也请您发邮件告诉我们,以便我们更好地为您服务。

我们的联系方式:

地　　址:北京海淀区双清路学研大厦 A 座 707

邮　　编:100084

电　　话:010－62770175－4604

资源下载:http://www.tup.com.cn

电子邮件:weijj@tup.tsinghua.edu.cn

QQ:883604(请写明您的单位和姓名)

用微信扫一扫右边的二维码,即可关注清华大学出版社公众号"书圈"。

资源下载、样书申请

书 圈